强夯工程 100 问

高斌峰　杨　洁　张新蕊　杨金龙　董炳寅　著

中国建筑工业出版社

图书在版编目（CIP）数据

强夯工程 100 问 / 高斌峰等著. —北京 ：中国建筑
工业出版社，2020.11
ISBN 978-7-112-25829-1

Ⅰ.①强… Ⅱ.①高… Ⅲ.①强夯-工程施工-问题
解答 Ⅳ.①TU751-44

中国版本图书馆 CIP 数据核字（2021）第 023262 号

责任编辑：杨　允
责任校对：张　颖

强夯工程 100 问

高斌峰　杨　洁　张新蕊　杨金龙　董炳寅　著

*

中国建筑工业出版社出版、发行(北京海淀三里河路 9 号)

各地新华书店、建筑书店经销

北京鸿文瀚海文化传媒有限公司制版

北京建筑工业印刷厂印刷

*

开本：787 毫米×960 毫米　1/16　印张：6¼　字数：122 千字

2021 年 2 月第一版　　2021 年 2 月第一次印刷

定价：**30.00** 元

ISBN 978-7-112-25829-1

（36339）

序

  《强夯工程 100 问》即将出版，我们倍感欣慰。写一本简单易懂、直接回答现场问题的强夯小册子是我们多年以来的夙愿；值得特别指出，这次主要执笔的是五位"80 后"的年轻人，我们仅仅是提出了一些建议和意见。看到年轻人实践、思考、研究并撰写的成果，由衷高兴，真是青出于蓝而胜于蓝啊。

  说来真巧，我们两个人第一次接触强夯恰好都是在西安读大学时开始的，一个是 1986 年在学校的工地上接触了强夯施工，一个是 1999 年在铜川参与了黄土强夯的实习。没想到，两人毕业后一个在北京，一个在上海，多年的主要工作都是在干强夯，从未离开过强夯。东南西北到处跑，到处夯，对强夯有了一种特殊的感情。殊途同归，现在我们俩都在北京，一起共事，也和这五位年轻人一起在干强夯，在研究强夯。感谢我们的老师王铁宏先生，感谢强夯，感谢这个时代，感谢年轻人！

  三年前，我们和王铁宏老师一起出版了《高能级强夯技术发展研究与工程应用（2006—2015）》（中国建筑工业出版社，2017 年），重点阐述高能级强夯技术的加固机理及研究现状，总结 2006～2015 年全国高能级强夯技术的重大工程应用实例，行业内称这本书为"第三版绿皮书"。这本小册子可与"第三版绿皮书"结合起来一起阅读。本书对强夯基本原理、方案设计、施工组织、检测监测及发展展望等内容进行了"一问一答"式的阐述，简明扼要，通俗易懂。当然其中有些问题的回答可能还不到位，或还有的问题有待商榷。尽管如此，这本小册子对奋斗在一线的广大强夯人一定会有所帮助，也恳请得到大家的指正！

  新书即将发行，我们作为长期从事强夯技术的同志，乐见其成，欣然作序，郑重推荐，也愿大家都乐在强夯领域的成就中！

2020 年 4 月于北京

  注："第一版绿皮书"是指王铁宏主编的《全国重大工程项目地基处理工程实录》（中国建筑工业出版社，1998 年）；"第二版绿皮书"是指王铁宏主编的《新编全国重大工程项目地基处理工程实录》（中国建筑工业出版社，2005 年）。

前　言

强夯法又称动力夯实法（Dynamic Compaction Method）、动力固结法（Dynamic Consolidation Method），是将一定质量的夯锤提高到一定高度，然后使其自由下落，给地基以冲击和振动能量，提高地基土的密实度，加速地基土的固结，改善地基土的力学性质指标，提高地基的承载能力与抗变形能力。

强夯法由梅纳技术公司（Menard）于20世纪60年代首先创用，具有工艺简单、节约材料、工期短、造价低、加固效果显著、适用范围广、绿色环保等特点。我国于1975年引进强夯法，于1978年开始应用于实际工程的地基加固处理，取得了良好的加固效果与经济效益，随后在全国各地迅速推广应用。

随着我国工程建设的不断发展，强夯法在石油、化工、冶金、民航、铁道、公路、电力等行业建设工程中得到了广泛的应用，尤其在大规模围海造地与填谷造地工程中，一直是地基加固最经济、最快捷、最有效的首选方案。

随着强夯技术的发展，夯击能级不断提高，地基有效加固深度不断增加，应用土类范围不断拓宽，同时强夯外延技术的研究与应用也越来越多。

为了帮助广大建设者深入理解强夯法的加固机理，掌握强夯法的应用方法，本书采用一问一答的方式，结合强夯方面的论文、专著、规范及工程经验，对强夯法地基处理技术进行系统性地归纳与梳理，可供强夯从业者参考。

本书对强夯工程设计、施工、检测与监测的工作方法进行了详尽介绍，对强夯外延技术进行了简要介绍。全书由高斌峰、杨洁、张新蕊、杨金龙、董炳寅编著，水伟厚、王亚凌审定。

书中疏误与不足之处在所难免，恳请各位专家与读者批评指正。

作者
2020年4月

目　录

第1章 基本原理

问题 1. 什么是强夯法? 适用范围是什么?

强夯法在国际上称为动力压实法 (Dynamic Compaction Method) 或动力固结法 (Dynamic Consolidation Method), 这种方法是反复将夯锤提到高处使其自由落下, 给地基以冲击和振动能量, 将地基土夯实, 从而提高地基的承载力, 降低其压缩性, 改善地基性能 (图 1-1)。

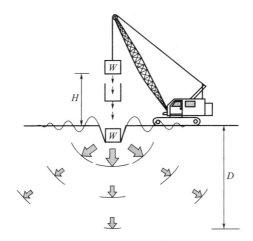

图 1-1 强夯法示意图

强夯法适用于处理碎石土、砂土、低饱和度的粉土与黏性土、湿陷性黄土、素填土和杂填土等地基。经处理后的地基既提高了地基土的强度又降低其压缩性, 同时还能改善其抗振动液化能力, 所以强夯法还常用于处理可液化砂土地基等。

强夯法操作简单、适用土质范围广、加固效果显著, 可取得较高的承载力, 一般地基强度可提高 2~5 倍; 变形沉降量小, 压缩性可降低 2~10 倍; 土粒结合紧密, 有较高的结构强度; 工效高, 施工速度快, 较换土回填和桩基缩短工期一半; 节省加固原材料; 施工费用低, 节省投资, 比换土回填节省 60% 费用, 与预制桩加固地基相比可节省投资 $50\%\sim70\%$，与砂桩相比可节省投资 $40\%\sim50\%$。

问题 2. 什么是强夯置换法? 适用范围是什么?

强夯置换法（Dynamic Replacement Method）是 20 世纪 80 年代后期开发的方法，采用强夯施工工艺在软土地基中形成一定深度的夯坑，并在夯坑内回填高强度、低压缩性的置换材料，利用夯击能打入软土层中，在地基中形成结构密实、有较高承载力的置换体；置换体透水性远大于周围的土体，从而成为软土排水的良好通道，置换体被打入土体的过程中对周围土体产生挤压，土体因受到置换体的挤压而向置换体中排水；置换体形成后，再通过满夯桩间土，使之充分排水固结，从而形成复合地基，进一步改善软土地基的物理力学性能，提高地基承载力（图 1-2）。

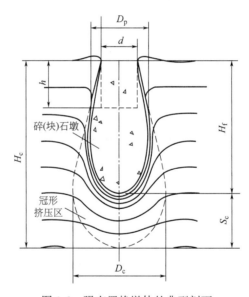

图 1-2　强夯置换墩体的典型剖面

强夯置换法适用于处理含水量过高的黏性土填土和厚度不大的淤泥、淤泥质土地基，对高饱和度的粉土、流塑—软塑的黏性土等地基有良好的处理效果。

强夯置换法按照置换方式不同，有墩柱式置换（图 1-3）和整体式置换（图 1-4）两种形式。

强夯置换碎石墩复合地基属于墩柱式置换的形式，利用夯能作为置换软土的手段，即用强夯将地基土挤密或排开，把碎石、块石、砂砾或其他质地坚硬的散

图 1-3　墩柱式置换　　　　　　　　　　图 1-4　整体式置换

体材料，采用多次填入和夯击，最终形成密实的柱状砂石墩，这种砂石墩与周围混有砂石的墩间土形成的复合地基。对于饱和黏性土，强夯置换法主要作用是置换作用，其次是排水和动力固结作用。

整体式置换又称强夯置换挤淤，以密集的点形成线置换或面置换，通过强夯的冲击能将含水量高、抗剪强度低、具有触变性的淤泥挤开，置换以抗剪强度高、级配良好、透水性好的块石、碎石或石渣，形成密实度高、压缩性低、应力扩散性能良好、承载力高的垫层。

问题 3. 强夯法的加固原理是什么?

强夯法有两种不同的加固原理：动力密实与动力固结，取决于地基土的类别。

1. 强夯法加固非饱和土的原理

强夯法加固非饱和土的原理是动力密实，即在冲击荷载作用下，土体中的孔隙体积减小、土体骨架变形，土体变得更为密实，从而提高其强度，减小其压缩性。

土体由固相、液相和气相三部分组成。在压缩波作用下，土体颗粒互相靠拢，因为气相的压缩性比固相和液相的压缩性大得多，所以气体部分首先被排出，土体颗粒进行重新排列，由天然的紊乱状态进入稳定状态，孔隙大为减少。在波动能力作用下，土体间的液体也受力而可能变形，但这些变形相对于颗粒间的移动和孔隙减少来说是较小的，因此可以认为非饱和土的夯实变形主要是颗粒的相对位移引起的，非饱和土的夯实过程就是土体中气相被挤出的过程。

2. 强夯法加固饱和土的原理

强夯法加固饱和土的原理是动力固结（图 1-6）。传统的固结理论（图 1-5）认为，饱和土在快速荷载条件下，孔隙水是不可压缩的。梅纳根据饱和土在强夯瞬时产生数十厘米的压缩这一事实，提出了不同看法。

根据梅纳提出的模式，饱和土强夯加固的机理可概述为：

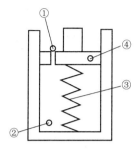
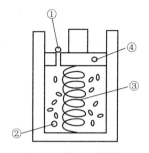

图 1-5 静力固结模型   图 1-6 动力固结模型

①固定孔眼，受压液体排出通路；②不可压缩的   ①可变直径孔眼，受压液体排出通路；②有气泡的

液体；③均质弹簧；④无摩擦活塞   可压缩液体；③非均质弹簧；④有摩擦活塞

（1）渗透系数随时间变化

在强夯过程中，土体中的超孔隙水压力逐渐增长且不能迅速消散，由于总应力保持不变，则有效应力减小，在饱和土地基中产生很大的拉应力。水平拉应力使土体产生一系列的竖向裂缝，使孔隙水从裂缝中排出，土体的渗透系数增大，加速饱和土的固结。

此外，饱和土中含有 1%～4% 的封闭气体和溶解在液相中的气体。夯击产生的冲击能一部分转化成热能，这些热能使饱和土中的封闭气泡移动，而且加速可溶性气体从土中释放出来，使土体体积进一步减少，还可以减少孔隙水移动时的阻力，增大了土体的渗透性能，加速土体固结。

（2）饱和土的可压缩性

在强夯能量的作用下，饱和土中，气体体积先压缩，部分封闭气泡被排出，随后孔隙水排出。在此过程中，土中的固相体积不变，液相与气相体积均减小，土体瞬时发生有效的压缩变形。

（3）饱和土的局部液化

在夯锤反复作用下，饱和土中将引起很大的超孔隙水压力，致使土中有效应力减小，当土中某点的有效应力为零时，土的抗剪强度降为零，土颗粒将处于悬浮状态，达到局部液化。当液化度达到 100%，土体的结构破坏，渗透系数大大增加，处于很大水力梯度作用下的孔隙水迅速排出，加速了饱和土体的固结。

（4）饱和土的触变恢复

饱和土在强夯冲击波的作用下，土中颗粒、阳离子、定向水分子原来的相对平衡状态受到破坏，颗粒结构从原来的絮凝结构变成一定程度的分散结构，颗粒间联系削弱，强度降低。强夯结束一定时间后，土中细小的胶体颗粒的水分子膜逐渐重新联结，恢复其原有的稠度和结构，这一过程即为饱和软土的触变特性。

需要说明的是，饱和土的触变恢复过程非常缓慢，由于土体性质不同，恢复后的强度可能高于原有强度，也可能低于原有强度。

问题 4. 强夯置换法的加固原理是什么？

强夯置换通过夯击和填料形成置换体，使置换体和原地基土构成复合地基来共同承受荷载。

当圆柱形的重锤自高空下落，接触地面的瞬间夯锤刺入土中，释放大量能量，对被加固土体产生的作用主要有三个方面：（1）直接位于锤底面下的土，承受锤底巨大的冲击压力，使土体积压缩并急速向下移动，在夯坑底面以下形成一个压密体（图 1-7 中（a）区域），其密度大为提高；（2）位于夯坑侧壁的土，在瞬间受到锤底边缘的巨大冲切力而发生竖向剪切破坏，形成一个近乎直立的圆柱形深坑（图 1-7 中（b）区域）；（3）锤体下落冲压和冲切土体形成夯坑的同时，还产生强烈振动，以三种振动

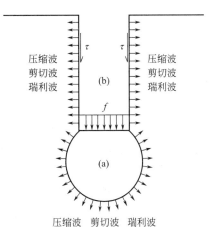

图 1-7　强夯置换原理示意图

波的形式（压缩波、剪切波和瑞利波）向土体深处传递，基于振动液化、排水固结、振动挤密等多种原理的联合作用，使置换体周围的土体也得到加固。

问题 5. 强夯产生的振动波是如何传递的？

强夯施工时，夯锤冲击地面引起的振动在土中是以波的形式向地下传播的。这种振动波可分为体波和面波两大类。体波包括压缩波和剪切波，面波如瑞利波、乐夫波等。

如果将地基视为弹性半空间体，则夯锤自由下落过程，也就是势能转化为动能的过程，即随着夯锤下落，势能越来越小，动能越来越大。在落到地面的瞬间，势能的极大部分转换成动能。夯锤夯击地面时，这部分动能除一部分以声波形式向四周传播，一部分由于夯锤和土体摩擦而变成热能外，其余大部分冲击动能则使土体自由振动，并以压缩波、剪切波和瑞利波的波体系联合在地基内传播，在地基中产生一个波场（图 1-8）。

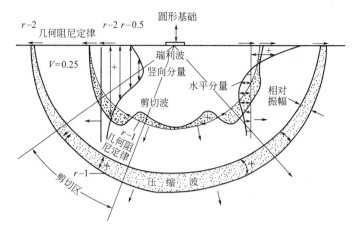

图 1-8　重锤夯击在弹性半空间地基中产生的波场

　　根据 Miller 等（1955）的研究，以上三种波占总输入能量的百分比分别为：压缩波 6.9%，剪切波 25.8%，瑞利波 67.3%。

　　关于土中弹性波的研究，国内外学者做了较为系统的论述，这些研究均认为压缩波与剪切波在强夯过程中起夯实作用，其中压缩波的作用最为重要。

　　对瑞利波作用的研究则出现两种几乎相反的结论，一种观点认为瑞利波在强夯过程中不但起不到加密作用，反而使地基表面松动；另一种观点认为瑞利波在强夯加固地基中的作用不可忽视，是有一定贡献的。

问题 6. 强夯法的优缺点是什么？

　　强夯法的主要优点有：适用范围广泛、加固效果显著、有效加固深度大、施工机具简单、节省材料、节省造价、绿色环保等。

　　（1）适用范围广：强夯法可以用于加固各类砂性土、粉土、一般黏性土、黄土、人工填土，特别适宜加固一般处理方法难以加固的大块碎石类土以及建筑、生活垃圾或工业废料组成的杂填土，采用置换法也可用于加固软土地基。

　　（2）加固效果显著：地基经强夯处理后，可明显提高地基土的抗剪强度与承载力，降低压缩性。

　　（3）施工机具简单：强夯机具主要为履带式起重机，代用强夯机在必要时辅以龙门架等设施，以便增加起吊能力和稳定性。

　　（4）节省材料：相比于其他地基处理工艺，强夯法不需要钢材、水泥等建筑材料，可大大降低建材的消耗。

（5）节省造价：强夯法在当前常用的地基处理工艺中造价最低，仅为 CFG 桩的 1/6、搅拌桩的 1/1，灰土桩的 1/2。

（6）绿色环保：强夯法施工既不消耗钢材、水泥等高耗能建材，也不会对周边环境产生污染。

强夯法的主要缺点是施工中会产生较大的振动和噪声，对施工场地周边的建（构）筑物和环境造成一定影响。

问题 7. 强夯法强夯置换法的区别是什么？

强夯法与强夯置换法的区别　　　　　　　　　　　　　　　　表 1-1

项	强夯法	强夯置换法
适用土质	碎石土、砂土、低饱和度的粉土与黏性土、湿陷性黄土、素填土和杂填土等地基	高饱和度的粉土与软塑—流塑的黏性土等地基上对变形控制要求不严的工程
夯锤形式	采用平锤,直径一般 2.0～3.0m	采用柱锤,直径一般 1.0～1.5m
夯坑回填	原土回填	性质较原土好的碎石、块石、建筑垃圾等
加固机理	动力密实与动力固结	动力置换
地基类型	均质地基	复合地基

问题 8. 高填方工程，分层碾压与强夯法的优缺点有哪些？

分层碾压与强夯法是目前国内高填方工程主要采用的两种填土处理方法。分层碾压法的每层虚铺厚度一般不大于 500mm，利用压实原理，采用振动压路机等机械碾压，把填土压实。强夯法则利用强大的夯击能，在地基中产生强烈的冲击波和动应力，迫使土动力固结密实；当回填厚度不大于 20m 时，可一次回填到位后采用强夯法进行地基加固；当回填厚度大于 20m 时，则应考虑分层回填、分层强夯。

分层碾压与强夯法的对比分析如表 1-2 所示。

分层碾压与强夯法对比　　　　　　　　　　　　　　　　表 1-2

对比项	对比	原因分析
工期	强夯法较分层碾压的工期短	分层碾压法的分层多,且回填与碾压施工交叉作业,相互影响导致其工期长

对比项	对比	原因分析
造价	分层碾压较强夯法的造价低	高能级强夯的施工成本高
加固效果	能级选择合理且土体含水量适宜的条件下,强夯法的加固效果优于分层碾压	强夯夯击产生冲击波和动应力,密实效果明显优于仅产生压实作用的碾压施工
质量控制	分层碾压较强夯法的施工质量容易控制	分层碾压法的分层厚度小,土质均匀性好且含水量容易控制在最优含水量附近,受到降雨等影响时,方便采取补救措施

目前大部分的研究人员与强夯从业人员认为强夯法的施工质量明显优于分层碾压法,但某些高填方工程通过长期观测发现采用强夯法的高填方场地工后沉降量较大。笔者认为其原因可能是由回填土质不均匀、含水量偏离最佳值、强夯施工质量控制不到位等造成,希望这一现象能引起强夯设计与施工人员的重视。

问题 9. 不同的工程中,采用强夯法进行地基处理的目的有何不同?

不同的工程中,根据设计要求与基础形式的不同,强夯地基处理的目的可能不尽相同。当强夯处理后的场地直接作为基础持力层时,强夯法作为地基的最终处理手段,以提高地基承载、减小地基沉降量与不均匀沉降为目的。当采用强夯进行地基处理后采用桩基础的,强夯法作为地基预处理手段,以消除土体欠固结性、提高土体强度指标为目的。

当地质条件与土体性质不同时,强夯地基处理的目的也可能不同。湿陷性黄土场地,强夯处理的目的以消除湿陷性为主;粉砂、细砂场地,强夯处理的目的以消除液化为主;沿海吹填场地,强夯处理的目的以提高土体密实度、加速土体固结为目的;高填方场地,强夯处理的目的以提高土体密实度、提高地基承载力、减小地基沉降量与不均匀沉降、提高场地稳定性为目的。

第2章 方案设计

问题 10. 强夯法与强夯置换法相关的规范与标准有哪些?

(1) 国家标准《钢制储罐地基处理技术规范》GB/T 50756—2012;

(2) 国家标准《复合地基技术规范》GB/T 50783—2012;

(3) 行业标准《建筑地基处理技术规范》JGJ 79—2012;

(4) 行业标准《建筑地基检测技术规范》JGJ 340—2015;

(5) 国家标准《吹填土地基处理技术规范》GB/T 51064—2015;

(6) 国家标准《高填方地基技术规范》GB 51254—2017;

(7) 国家标准《建筑地基基础设计规范》GB 5007—2011;

(8) 国家标准《建筑地基基础工程施工质量验收标准》GB 50202—2018;

(9) 中国工程建设协会标准《强夯地基处理技术规程》CECS 279:2010;

(10) 工业和信息化部标准《强夯地基技术规程》YS/T 5209—2018。

此外,还有一些地方标准如:上海市工程建设规范《地基处理技术规范》、广东省标准《建筑地基处理技术规范》《电力工程地基处理技术规程》《铁路工程地基处理技术规程》等,及相关手册如:《工程地质手册》《地基处理手册》等。

问题 11. 强夯与强夯置换施工前是否必须进行试验? 试验目的是什么?

强夯法已在工程中得到广泛的应用,有关强夯机理的研究也在不断深入,并取得了一批研究成果,但还没有一套成熟的设计计算方法。因此,《建筑地基处理技术规范》JGJ 79—2012 规定,强夯施工前,应在施工现场有代表性的场地选取一个或几个试验区进行试夯或试验性施工。

强夯置换法已用于堆场、公路、机场、房屋建筑和油罐等工程,一般效果良好。但个别工程因设计、施工不当,加固后出现下沉较大或墩体与墩间土下沉不等的情况。因此，《建筑地基处理技术规范》JGJ 79—2012 规定，强夯置换地基处理地基，必须通过现场试验确定其适用性和处理效果。

强夯与强夯置换工程进行试验的目的主要包括：

（1）判断强夯或强夯置换的适用性；

（2）评价强夯或强夯置换方案的处理效果，确定地基有效加固深度、置换墩长度、（复合）地基承载力与变形指标等；

（3）确定合理的施工工艺和施工参数，包括夯击能、夯击遍数、夯点布置、间歇时间等；

（4）校核夯后场地的平均沉降量或抬升量；

（5）了解夯击过程中产生的工振动、侧向挤压等对周边建（构）筑物的影响，确定防振与隔振措施。

问题 12. 强夯法与强夯置换法如何确定处理范围？

由于基础的应力扩散作用和抗震设防要求，强夯处理范围应大于建筑物基础范围，具体范围可根据建筑结构类型和重要性等因素确定。对于一般建筑物，每边超出基础外缘的宽度宜为基底下设计处理深度的 1/2～2/3，并不应小于 3m。对可液化地基，每边应超出基底下设计处理深度的 1/2，并不应小于 5m。对湿陷性黄土地基，应满足下列要求：

（1）当为局部处理时，非自重湿陷性黄土场地，每边应超出基础底面宽度的 1/4，并不应小于 0.5m；自重湿陷性黄土场地，每边应超出基础底面宽度的 3/4，并不应小于 1m；

（2）当为整片处理时，超出建筑物外墙基础外缘的宽度，每边不宜小于处理土层厚度的 1/2，并不应小于 2m。

问题 13. 初步设计时，强夯法如何确定地基承载力？

目前关于强夯法夯后地基承载力计算方法的研究尚不完善，许多学者根据工程实践与数据积累，通过回归分析，得出了一些可供参考的夯后地基承载力计算经验公式。

李大忠通过对湿陷性黄土地基夯后地基承载力的分析，得到湿陷性黄土地基强夯加固后的承载力基本值的经验回归公式：

$$p_k = 158.84\ln W_h - 903.75$$

式中：p_k——夯后地基表层 $1 \sim 2m$ 深度允许承载力（kPa）；

　　　W_h——单击夯击能（kN·m）。

曾庆军等对夯后地基承载力做经验统计分析，得出夯后地基容许承载力是单击夯击能 W_h 和点夯击数 N 的函数。并以回归分析得到：

$$p_a = 94.16\ln NW_h - 692.98 \qquad R = 0.853$$

式中：p_a——夯后承载力基本值（kPa）；

　　　R——相关系数。

高梓旺等基于强夯法处理后的实测地基承载力的成果，通过灰色关联分析对地基承载力的影响因素进行分析，得到地基承载力与夯击数 N、单点夯击能 W 的关系：

$$p = 2.7786N\ln(W+1) + 57.325 \qquad R = 0.947$$

式中：p——夯后地基承载力（kPa）；

　　　R——相关系数。

强夯法初步设计时，设计人员一般根据土质情况与地区经验预估夯后地基承载力，并通过试夯进行验证。

问题 14. 初步设计时，强夯法如何进行地基变形计算？

强夯地基为均质地基，计算地基变形时，地基内的应力分布，可采用各向同性均质线性变形体理论。其最终变形量可按下式进行计算（图 2-1）：

$$s = \psi_s s' = \psi_s \sum_{i=1}^{n} \frac{p_0}{E_{si}}(z_i\bar{\alpha}_i - z_{i-1}\bar{\alpha}_{i-1})$$

式中：s——地基最终变形量（mm）；

　　　s'——按分层总和法计算出的地基变形量（mm）；

　　　ψ_s——沉降计算经验系数，根据地区沉降观测资料及经验确定，无地区经验时可根据变形计算深度范围内压缩模量的当量值（$\bar{E}_s$）、基底附加压力取值（表 2-1）；

　　　n——地基变形计算深度范围内所划分的土层数；

　　　p_0——相应于作用准永久组合时基础底面处的附加压力（kPa）；

　　　E_{si}——基础底面下第 i 层土的压缩模量（MPa），应取土的自重压力至土的自重压力与附加压力之和的压力段计算；

z_i、z_{i-1}——基础底面至第 i 层土、第 $i-1$ 层土底面的距离（m）；

$\bar{\alpha}_i$、$\bar{\alpha}_{i-1}$——基础底面计算点至第 i 层土、第 $i-1$ 层土底面范围内平均附加应力系数。

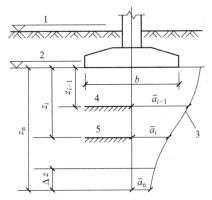

图 2-1 基础沉降计算的分层示意

1—天然地面标高；2—基底标高；3—平均附加应力系数 a 曲线；4—$i-1$ 层；5—i 层

沉降计算经验系数 表 2-1

基底附加压力 / $\overline{E}_s$	2.5	4.0	7.0	15.0	20.0
$p_0 \geqslant f_{ak}$	1.4	1.3	1.0	0.4	0.2
$p_0 \leqslant 0.75 f_{ak}$	1.1	1.0	0.7	0.4	0.2

注：f_{ak} 为地基承载力特征值（kPa）。

初步设计时，设计人员一般根据土质情况与地区经验预估夯后有效加固深度内的土的压缩模量，并通过试夯进行验证。

变形计算深度范围内压缩模量的当量值 $\overline{E}_s$，应按下式计算：

$$\overline{E}_s = \frac{\sum A_i}{\sum \dfrac{A_i}{E_{si}}}$$

式中：A_i——第 i 层土附加应力系数沿土层厚度的积分值。

地基变形计算深度 z_n，应符合下式的规定。当计算深度下部仍有较软土层时，应继续计算。

$$\Delta s_n' \leqslant 0.025 \sum_{i=1}^{n} \Delta s_i'$$

式中：$\Delta s_i'$——在计算深度范围内，第 i 层土的计算变形值（mm）；

$\Delta s_n'$——在由计算深度向上取厚度为 Δz 的上层计算变形值（mm），按表 2-2 确定。

				Δz 表 2-2
b(m)	$b \leqslant 2$	$2 < b \leqslant 4$	$4 < b \leqslant 8$	$b > 8$
Δz(m)	0.3	0.6	0.8	1.0

注：b 为基础宽度。

　　当无相邻荷载影响，基础宽度在 1～30m 范围内时，基础中点的地基变形计算深度也可按下式简化计算。在计算深度范围内存在基岩时，z_n 可取至基岩表面；当存在较厚的坚硬黏性土层，其孔隙比小于 0.5、压缩模量大于 50MPa，或存在较厚的密实砂卵石层，其压缩模量大于 80MPa 时，z_n 可取至该层土表面。

$$z_n = b(2.5 - 0.4\ln b)$$

　　当存在相邻荷载时，应计算相邻荷载引起的地基变形，其值可按应力叠加原理，采用角点法计算。

　　强夯地基变形计算尚应符合现行国家、行业与地方标准的相关规定。

问题 15. 单夯点的有效加固面积怎么计算？

　　强夯与强夯置换的夯点布置通常采用正方形、梅花形、等边三角形等形式（图 2-2）。

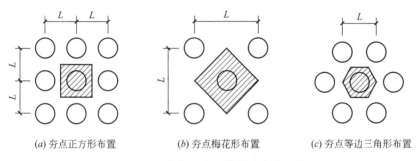

(a) 夯点正方形布置　　　　(b) 夯点梅花形布置　　　　(c) 夯点等边三角形布置

图 2-2　强夯与强夯置换的夯点布置图

图中阴影部分表示单夯点的有效加固范围。

夯点正方形布置时，单夯点的有效加固面积 $A = L^2$；

夯点梅花形布置时，单夯点的有效加固面积 $A = L^2/2$；

夯点等边三角形布置时，单夯点的有效加固面积 $A = \sqrt{3}L^2/2$。

问题 16. 强夯法如何确定有效加固深度？

　　国内的标准规范将强夯法的处理深度称为"有效加固深度"（图 2-3），但并未给出明确的定义。王铁宏等在《强夯法有效加固深度的确定方法与判定标准》一文中通过研究与分析提出了有效加固深度的概念：从起夯面（夯前地面整平标

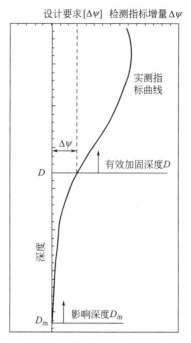

设计要求[Δψ] 检测指标增量Δψ

实测指标曲线

有效加固深度D

深度

影响深度D_{in}

图 2-3 有效加固深度概念示意图

高）算起，不完全满足工程设计要求的地基土，经强夯加固后，以某种方法测试土的强度、变形等指标，均满足了设计要求的深度。

强夯地基的有效加固深度应根据工程地质条件、上部结构荷载、基础形式与埋深等综合确定，应满足上部结构的使用要求。

问题 17. 强夯法如何进行夯点布置?

强夯工程的夯点位置可根据基底平面形状进行布置（图 2-4、图 2-5）。对于基础面积较大的建筑物或基础，可按等边三角形或正方形布置夯点；对于办公楼或住宅建筑等，可根据承重墙的位置布置夯点，一般采用等腰三角形布点，这样保证了横向承重墙以及纵墙和横墙交界处墙基下均有夯击点；对于工业厂房来说，可按柱网来设置夯点。

强夯工程的夯点间距一般根据地基土的性质和要求处理的深度确定。对细粒土，为便于孔隙水压力的消散，夯点间距不宜过小。当处理深度较大时，第一遍的夯点间距更不宜过小，以免夯击时在浅层形成密实层而影响夯击能往深层传递。此外，若夯点之间的距离过小，在夯击时上部土体易向侧向已成的夯坑中挤

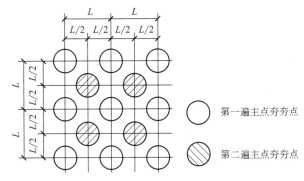

图 2-4　强夯工程夯点布置示意图 1

L—第一遍夯点间距

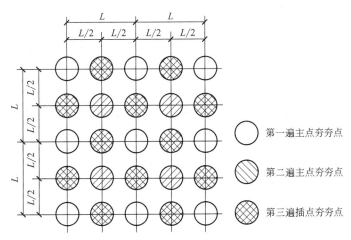

图 2-5　强夯工程夯点布置示意图 2

L—第一遍夯点间距

出，从而造成坑壁坍塌，夯锤歪斜或倾倒，影响夯击效果。第一遍夯点间距可取夯锤直径的 2.5～3.5 倍，第二遍夯点应位于第一遍夯点之间，以后各边夯点间距可适当减小。对处理深度较深或夯击能较大的工程，第一遍夯点的间距宜适当增大。

问题 18. 强夯法如何确定夯击遍数、夯击能与两遍之间间隔时间?

1. 夯击遍数

强夯工程的夯击遍数应根据地基土的性质确定。一般来说，由粗颗粒土组成的渗透性强的地基，夯击遍数可少些；由细颗粒土组成的渗透性弱的地基，夯击遍数要求多些。根据我国工程实践，对于大多数工程可采用点夯遍数 2～4 遍，最后再以低能量满夯 2 遍，一般均能取得较好的夯击效果。

强夯工程的夯击遍数还与主点夯夯击能有关。主点夯夯击能高时，夯击遍数多；主点夯夯击能低时，夯击遍数可减少。根据我国工程经验，主点夯点夯单击夯击能不大于 6000kN·m 时，一般采用点夯遍数为 2 遍，2 遍夯击均为主点夯；主点夯点夯单击夯击能大于 6000kN·m 时，一般采用点夯遍数为 3 遍，前两遍为主点夯，第三遍为插点夯；当夯坑深度过大（不小于 3m）时，应增加一遍原点加固夯。

2. 夯击能

强夯工程夯击能分为单击夯击能和单位夯击能。

单击夯击是锤重与落距的乘积 Mh，单位为 kN·m 或 t·m。单击夯击能又分为主点夯夯击能、插点夯夯击能、原点加固夯夯击能和满夯夯击能。

单位夯击能指施工场地单位面积上所施加的总夯击能，单位为 kN·m/m²。

（1）主点夯夯击能确定

强夯工程的主点夯夯击能根据有效加固深度确定。

强夯法的创始人梅纳（Menard）提出了强夯影响深度与主点夯夯击能 Mh 的关系。

$$H \approx \sqrt{Mh}$$

式中：H——强夯影响深度（m）；

M——锤重（t）；

h——落距（m）。

国内外学者从不同角度对有效加固深度进行了探讨，多数建议对梅纳公司的计算结果乘以小于 1 的修正系数 α。

鉴于有效加固深度问题的复杂性，以及目前尚无使用的计算式，《建筑地基处理技术规范》JGJ 79—2012 提出了主点夯夯击能与有效加固深度的经验关系，如表 2-3 所示。

主点夯夯击能与有效加固深度的经验关系 表 2-3

单击夯击能(kN·m)	碎石土、砂土等粗颗粒土	粉土、粉质黏土、湿陷性黄土等细颗粒土
1000	4.0～5.0	3.0～4.0
2000	5.0～6.0	4.0～5.0
3000	6.0～7.0	5.0～6.0
4000	7.0～8.0	6.0～7.0
5000	8.0～8.5	7.0～7.5

续表

单击夯击能(kN·m)	碎石土、砂土等粗颗粒土	粉土、粉质黏土、湿陷性黄土等细颗粒土
6000	8.5～9.0	7.5～8.0
8000	9.0～9.5	8.0～8.5
10000	9.5～10.0	8.5～9.0
12000	10.0～11.0	9.0～10.0

　　根据《钢制储罐地基处理技术规范》GB/T 50756—2012，强夯有效加固深度应根据现场试夯或当地经验确定，在缺少试验资料或经验时可按表2-4预估。

强夯有效加固深度（m）　　　　　　　　　　表 2-4

单击夯击能(kN·m)	碎石土、砂土等粗颗粒土	粉土、粉质黏土、湿陷性黄土等细颗粒土
1000	4.0～5.0	3.0～4.0
2000	5.0～6.0	4.0～5.0
3000	6.0～7.0	5.0～6.0
4000	7.0～8.0	6.0～7.0
5000	8.0～8.5	7.0～7.5
6000	8.5～9.0	7.5～8.0
8000	9.0～10.0	8.0～9.0
10000	10.0～11.0	9.0～10.0
12000	11.0～12.0	10.0～11.0
14000	12.0～13.0	11.0～12.0
15000	13.0～13.5	12.0～12.5
16000	13.5～14.0	12.5～13.0
18000	14.0～15.0	13.0～14.0

　　（2）插点夯夯击能确定

　　插点夯夯击能一般取主点夯夯击能的 1/2 左右。

　　（3）原点加固夯夯击能确定

　　原点加固夯夯击能根据夯坑深度确定，一般取 2000～4000kN·m，夯坑深时取大值，夯坑浅时取小值。

　　（4）满夯夯击能确定

　　原点加固夯夯击能根据土质条件与主点夯夯击能确定，一般取 1000～2000kN·m。

　　（5）单位夯击能确定

　　单位夯击能的大小与地基土的类别有关，在相同条件下细粒土的单位夯击能要比粗粒土适当大些。此外，结构类型、荷载大小和要求的处理深度也是选择单位夯击能的重要因素。单位夯击能过小，难以达到预期加固效果，单位夯击能过大，不仅浪费资源，对饱和黏性土来说，强度反而会降低。根据我国工程经验，在一般情况下，对于粗颗粒土单位夯击能可取 1000～3000kN·m/m²，细颗粒土单位夯击能可取 1500～4000kN·m/m²。

3. 两遍之间间隔时间

两遍夯击之间应有一定的间隔时间，以利于土中超孔隙水压力的消散。所以，间隔时间取决于超孔隙水压力的消散时间。土中超孔隙水压力的消散速率与土的类别、夯点间距等因素有关。对于渗透性好的砂土等地基，超孔隙水压力一般在数小时内消散完毕。对于渗透性差的黏性土地基，超孔隙水压力一般需要数周才能消散完毕。夯点间距小，超孔隙水压力消散慢；夯点间距大，超孔隙水压力消散快。

《建筑地基处理技术规范》JGJ 79—2012 规定，有条件时在试夯前埋设孔隙水压力传感器，通过试夯确定超孔隙水压力的消散时间，从而决定两遍夯击的间隔时间。缺少实测资料时，可根据地基土的渗透性确定，对于渗透性较差的黏性土地基，间隔时间不应小于 2～3 周；对于渗透性好的地基可连续夯击。

根据超孔隙水压力监测确定两遍夯击间隔时间时，应确保超孔隙水压力消散不低于 75%。

问题 19. 强夯法如何确定收锤标准？是否夯击次数越多越好？

强夯工程点夯的收锤标准包括夯击次数与最后两击平均夯沉量两部分。

《建筑地基处理技术规范》JGJ 79—2012 规定了强夯工程点夯的最后两击平均夯沉量应满足表 2-5 要求。

强夯工程点夯最后两击平均夯沉量（mm）　　　　　　　　表 2-5

单击夯击能 E(kN·m)	最后两击平均夯沉量不大于(mm)
$E<4000$	50
$4000 \leqslant E<6000$	100
$6000 \leqslant E<8000$	150
$8000 \leqslant E<12000$	200

强夯工程点夯的夯击次数一般通过现场试夯确定，以夯坑的压缩量最大、夯坑周围隆起量最小为确定原则。可从现场试夯得到的夯击次数与有效夯沉量关系曲线确定，有效夯沉量是指夯沉量与隆起量的差值，其与夯沉量的比值通常不宜

小于 0.75。

对于碎石土、砂土、低饱和度的湿陷性黄土和填土等地基，夯击时夯坑周围一般没有隆起或隆起量很小，这种情况下应尽量增加夯击次数，以减少夯击遍数。对于饱和度较高的黏性土地基，由于这类土的渗透性较差，随着夯击次数的增加，孔隙水压力降逐渐增长，使夯坑下的地基土产生较大的侧向挤出，引起夯坑周围明显隆起，此时如继续夯击，并不能使地基土得到有效加固，反而造成浪费。

《建筑地基处理技术规范》JGJ 79—2012 规定，强夯工程点夯的夯击次数应满足下列条件：

（1）最后两击平均夯沉量满足要求；

（2）夯坑周围地面不发生过大的隆起；

（3）不应夯坑过深而发生提锤困难。

强夯工程满夯以夯击次数为收锤标准，一般取每点 2～4 击。

在讨论是否夯击次数越多越好之前，我们先介绍一下有效夯实系数的概念。有效夯实系数等于地基土压缩体积与夯坑体积的比值。

$$a = \frac{V - V'}{V} = \frac{V_0}{V}$$

式中：a——有效夯实系数；

　　V——夯坑体积（m³）；

　　V'——夯坑周围隆起体积（m³）；

　　V_0——地基土压缩体积（m³）。

有效夯实系数的概念由张永钧等提出，其值越高说明强夯效果越好，其值越低说明强夯效果越差。

由图 2-6 可知，夯坑体积 V 随着夯击次数的增加逐渐增大。

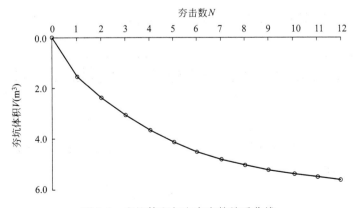

图 2-6　夯坑体积与夯击次数关系曲线

对于碎石、砂土等渗透性良好的粗颗粒土，夯击过程中夯坑周围不产生隆起或隆起量很小，则 $V'\approx0$，$a\approx1$。此时，随着夯击次数的增加，地基土的压缩体积越来越大，密实度越来越高，地基加固效果越来越好。

对于粉土、黏土（图 2-7）等渗透性不良的细颗粒土，夯击过程中产生的超孔隙水压力不断积累，但不能很快消散。随着夯击次数的增加，超孔隙水压力积累到一定程度后，夯坑周围产生大量隆起，$V'\approx V$，$a\approx0$。此时，夯击已不再产生加固效果。如果继续夯击，则可能出现橡皮土现象，土体结构被破坏，土体的强度指标反而降低。

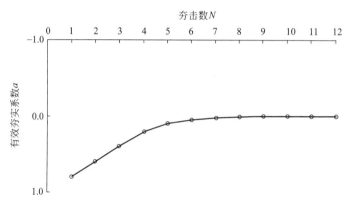

图 2-7　某黏性土场地有效夯实系数与夯击次数关系曲线

综上，对于粉土、黏土等渗透性不良的细颗粒土，单点夯击次数在一定范围内时，地基处理效果随夯击次数的增加而提高，超过一定击数后，夯击效果不再提高甚至可能降低，该夯击次数称为最佳夯击次数。对于碎石、砂土等渗透性良好的粗颗粒土，地基处理效果随夯击次数的增加不断提高。但应注意到，随着夯击次数的增加，虽然有效夯实系数几乎没有减小，但单次夯击产生的地基压缩量越来越小。因此，达到一定夯击次数时，继续夯击变得非常不经济。

问题 20. 初步设计时，强夯置换法如何确定地基承载力？

强夯置换法施工后在墩长范围内形成散体材料增强体复合地基。

初步设计时，强夯置换复合地基承载力特征值可按下述方法计算。

（1）软黏性土地基

$$f_{\mathrm{spk}}=mf_{\mathrm{pk}}$$
$$m=d^2/d_{\mathrm{e}}^2$$

式中：f_{spk}——复合地基承载力特征值（kPa）；

$\quad\quad f_{pk}$——墩体承载力特征值（kPa）；初步设计时，设计人员一般根据土质情况与地区经验进行预估，并通过试夯进行验证；

$\quad\quad m$——墩土面积置换率；

$\quad\quad d$——墩身平均直径（m）；可取夯锤直径的 1.1~1.2 倍；

$\quad\quad d_e$——单墩分担的处理地基面积的等效圆直径。

夯点等边三角形布置时：$d_e=1.05s$

夯点正方形布置时：$d_e=1.13s$

夯点矩形布置时：$d_e=1.13\sqrt{s_1 s_2}$

s、s_1、s_2 分别为墩体间距、纵向间距和横向间距。

（2）饱和粉土地基，处理后形成 2.0m 以上厚度的硬层

$$f_{spk}=[1+m(n-1)]f_{sk}$$

式中：f_{sk}——处理后墩间土承载力特征值（kPa）；初步设计时，设计人员一般根据土质情况与地区经验进行预估，并通过试夯进行验证；

$\quad\quad n$——墩土应力比，可根据地区经验确定。

需要说明的是，无实测资料时，n 一般取 2~4，且 $n \leqslant f_{pk}/f_{sk}$。

问题 21. 初步设计时，强夯置换法如何进行地基变形计算？

强夯置换地基为复合地基，地基变形的计算方法同强夯地基，计算深度应大于复合土层的深度。

复合土层的分层与天然地基相同时，各复合土层的压缩模量按下列方法取值。

（1）软黏性土地基

$$E_{spk}=mE_{pk}$$

式中：E_{spk}——复合地基压缩模量（MPa）；

$\quad\quad E_{pk}$——墩体压缩模量（MPa）；初步设计时，设计人员一般根据土质情况与地区经验进行预估，并通过试夯进行验证。

（2）饱和粉土地基，处理后形成 2.0m 以上厚度的硬层

$$E_{spk}=\zeta E_{sk}$$
$$\zeta=f_{spk}/f_{ak}$$

式中：E_{sk}——天然地基压缩模量（MPa）；

$\quad\quad f_{ak}$——基础底面下天然地基承载力特征值（kPa）。

复合地基的沉降计算经验系数 ψ_s 可根据地区沉降观测资料统计值确定，无

经验资料时，可按表 2-6 取值。

沉降计算经验系数 ψ_s

表 2-6

$\overline{E}_s$	4.0	7.0	15.0	20.0	35.0
ψ_s	1.0	0.7	0.4	0.25	0.20

问题 22. 强夯置换法如何确定夯击遍数、夯击能与两遍之间间隔时间？

1. 夯击遍数

强夯置换工程点夯宜采用 2～4 遍，满夯宜采用 1～2 遍。

2. 夯击能

强夯置换工程的夯击能分为点夯夯击能与满夯夯击能。

强夯置换工程满夯夯击能的确定方法同强夯工程，点夯夯击能根据置换墩长度确定。

《建筑地基处理技术规范》JGJ 79—2012 在条文说明中提出：强夯置换工程点夯夯击能应根据现场试验决定，但在可行性研究或初步设计时可按图 2-8 中的实线（平均值）与虚线（下限值）所代表的公式估计。

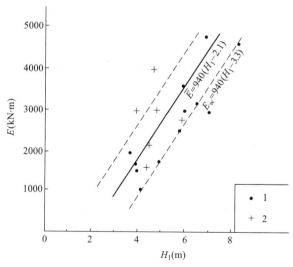

图 2-8　点夯夯击能与实测置换深度的关系

1—软土；2—黏土、砂

较适宜的点夯夯击能 $\overline{E}=940(H_1-2.1)$，点夯夯击能最低值 $E_w=940(H_1-3.3)$，式中 H_1 为置换墩深度。

初选点夯夯击能宜在 $\overline{E}$ 与 E_w 之间选取，高于 $\overline{E}$ 则可能浪费，低于 E_w 则可能达不到所需的置换深度。图 2-8 是国内外 18 个工程的实际置换深度汇总而来，由图中看不出土性的明显影响，估计是因强夯置换的土类多限于粉土与淤泥质土，而这类土在施工中因液化或触变，抗剪强度都很低之故。

强夯置换宜选取同一夯击能中锤底静压力较高的锤施工，图 2-8 中两根虚线间的水平距离反映出在同一夯击能下置换深度却又不同，这一点可能反映了锤底静压力的影响。

水伟厚根据全国各地 50 余项工程或项目实测资料的归纳总结，提出了强夯置换点夯夯击能与墩长的建议值如图 2-9、表 2-7 所示。

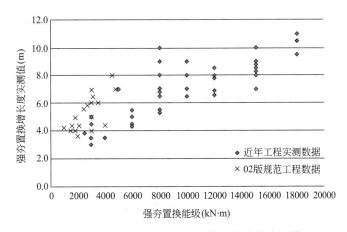

图 2-9　强夯置换主夯能级与置换墩长度的实测值

强夯置换墩长度与强夯置换点夯夯击能的关系　　　　　表 2-7

点夯夯击能(kN·m)	高饱和度粉土、软塑—流塑的黏性土、有软弱下卧层的填土强夯置换墩长度(m)
3000	3～4
6000	5～6
8000	6～7
12000	8～9

3. 两遍之间间隔时间

与强夯工程相同，强夯置换工程的间隔时间取决于超孔隙水压力的消散时间。有条件时，通过试夯进行超孔隙水压力监测，确定两遍夯击的间隔时间。缺少实测资料时，间隔时间宜为 2～3 周。

问题 23. 强夯置换工程如何确定收锤标准?

强夯置换工程点夯的收锤标准包括夯击次数、最后两击平均夯沉量与累计夯沉量三部分。

《建筑地基处理技术规范》JGJ 79—2012 规定，强夯置换工程点夯的夯击次数应通过现场试夯确定，并满足下列要求之一:

(1) 墩底穿透软弱土层，且达到设计墩长;

(2) 累计夯沉量为设计墩长的 1.5~2.0 倍;

(3) 最后两击平均夯沉量根据强夯工程的要求确定。

问题 24. 强夯法与强夯置换法对夯坑填料有何要求?

强夯工程的夯坑一般采用原土回填，可采用推土机或挖掘机进行原地整平。必要时，可对原土进行晾晒、增湿，或采用坚硬的粗颗粒材料回填夯坑。

强夯置换工程的墩体材料可采用级配良好的块石、碎石、矿渣、工业废渣、建筑垃圾等坚硬粗颗粒材料，且粒径大于 300mm 的颗粒含量不宜超过 30%。

问题 25. 强夯置换法是否需要设置垫层? 如何设置?

强夯置换法形成散体桩复合地基，基础下设置垫层可有效协调桩间土与桩体的受力状态。刚性基础下设置柔性垫层，一方面可以增加桩间土分担荷载的比例，充分利用桩间土的承载潜能;另一方面可以改善桩体上端的受力状态。柔性基础下设置刚度较大的垫层，可以增加桩体分担的荷载，充分发挥桩体的承载潜能。具体工程应根据实际情况确定垫层设置。

对于刚性基础，强夯置换墩顶应设置一层厚度不小于 500mm 的压实垫层，垫层材料与墩体材料相同，粒径不宜大于 100mm。

问题 26. 强夯置换的有效加固深度是否就是置换墩的长度?

强夯置换除在土中形成墩体外，当加固土层为深厚饱和粉土、粉砂时，还对墩间土和墩底端以下土有挤密作用。因此，强夯置换的加固深度应包括墩体置换深度和墩下加密范围。同时，墩体本身也是一个特大直径排水体，有利于加快土层固结。因此，强夯置换墩的作用相当于强夯（加密）、碎石墩、特大直径排水井三者之和。

第3章 施工组织

问题 27. 强夯法的施工步骤是什么?

强夯法施工,应按下列步骤进行(图 3-1):

(1)清理并整平施工场地;

(2)标出第一遍夯点位置,并测量场地高程;

(3)起重机就位,夯锤置于夯点位置;

(4)测量夯前锤顶高程;

(5)将夯锤起吊到预定高度,夯锤脱钩自由下落,测量锤顶高程;

(6)重复步骤(5),按设计规定的收锤标准,完成一个夯点的夯击;

(7)换夯点,重复步骤(3)~(6),完成第一遍全部夯点的夯击;

(8)整平夯坑,并测量场地高程;

(9)在规定的间隔时间后,按上述步骤逐遍完成全部夯击;最后用低能量满夯,将场地表层土夯实,并测量场地高程。

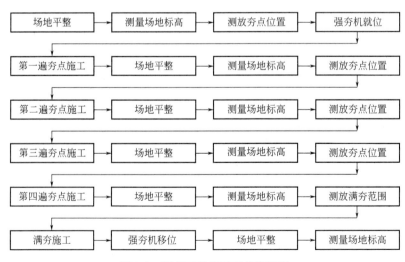

图 3-1 强夯工程施工工艺流程图

问题 28. 强夯置换法的施工步骤是什么?

强夯置换施工,应按下列步骤进行(图 3-2):

(1) 清理并整平施工场地;

(2) 标出夯点位置,并测量场地高程;

(3) 起重机就位,夯锤置于夯点位置;

(4) 测量夯前锤顶高程;

(5) 夯击并逐击记录夯坑深度;当夯坑过深,起锤困难时,应停夯,向夯坑内填料,记录填料数量;工序重复,直至满足设计收锤标准,完成一个夯点的夯击;

(6) 按照"由内向外、隔行跳打"的原则,完成全部夯点的夯击;

(7) 推平场地,采用低能量满夯,将场地表层土夯实,并测量夯后场地高程;

(8) 铺设垫层,分层碾压密实。

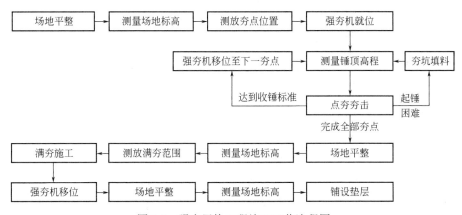

图 3-2　强夯置换工程施工工艺流程图

问题 29. 强夯法施工的注意事项有哪些?

(1) 夯机和夯锤就位后,要对夯锤的落距进行测量,并采取措施使其在夯击过程中落距和夯锤着地点始终保持不变,确保每击均能达到设计单击夯击能。

（2）在强夯施工过程中，当夯点周围隆起过大时应立即停止施工，采取有效措施如：静置间歇、软土换填，然后继续夯击，直至达到设计收锤标准。

（3）各遍点夯施工完成后，应及时将夯坑回填，防止降雨导致夯坑积水。

（4）强夯施工时，不得在夯坑底有水或淤泥的情况下施工，如夯坑积水，应将积水排除并清淤后方可继续施工。

（5）应对整个施工过程做详细的记录，包括每击夯沉量、填料等，并完整填写强夯施工记录表。

（6）施工中出现的异常情况，施工单位应进行记录或拍照，并及时通报监理、业主、设计、勘察等相关单位，采取有效措施将异常情况有效处置后方可继续施工。

问题 30. 强夯置换法施工的注意事项有哪些?

（1）强夯置换夯点间距一般较小（为了保证置换率，进而保证置换施工的承载力），考虑到施工设备的施工能力及施工过程中孔隙水压力消散的问题，组织施工时可以采取隔行跳打的方式；

（2）组织施工时宜采取从中间向两边的顺序施工，避免将淤泥挤到中间，避免中间夯点的施工效果不理想；

（3）施工时应注意遍与遍间宜设置不少于 14d 的孔隙水压力消散期，施工完成后消散期不宜少于 28d；

（4）点夯施工完成后应将表层的软土清理完成后再进行满夯施工，如果有垫层可考虑铺设垫层后再进行满夯施工。

问题 31. 强夯与强夯置换施工的夯锤如何选择?

强夯夯锤（图 3-3）质量宜为 10~60t，其底面形式宜采用圆形。锤底面积宜按土的性质确定，直径一般为 2.0~3.5m。锤底静接地压力值宜为 25~80kPa，单击夯击能高时，取高值；单击夯击能低时，取低值；对细颗粒土宜取低值。锤的底面宜对称设置若干个上下贯通的排气孔，孔径宜为 300~400mm。

强夯置换夯锤（图 3-4）底面宜采用圆形，直径一般为 1.0~1.5m，夯锤底静接地压力值宜大于 80kPa。

图 3-3　强夯夯锤

图 3-4　强夯置换夯锤

问题 32. 如何选择强夯机械?

目前，工程中应用的强夯机主要有代用强夯机和专用强夯机两种。专用强夯机以中化岩土集团股份有限公司自主研发的 CGE 系列强夯机为代表，代用强夯机主要有杭州杭重工程机械有限公司 HZQH 系列、郑州郑宇重工有限公司 YTQH 系列、徐工集团工程机械有限公司 XGH 系列强夯机等（图 3-5）。强夯机应根据夯击能、锤重、起升高度等参数进行选择，表 3-1 列出了目前在工程中常用的强夯机型号及参数。

CGE1800B型强夯机
(*a*)

HZQH500型强夯机
(*b*)

图 3-5　不同类型强夯机（一）

YTQH650B型强夯机
(c)

XGH600型强夯机
(d)

图 3-5　不同类型强夯机（二）

强夯机型号及参数　　　　　　　　　　　　表 3-1

生产厂家	型号	标准夯击能 （kN·m）	起重量 （t）	落距 （m）	备注
中化岩土 集团股份 有限公司	CGE150AF	1500	10	15	不带龙门架
	CGE400AF	4000	20	20	不带龙门架
		8000	40	20	带龙门架
	CGE800AF	8000	40	20	不脱钩
		20000	60	33.5	带脱钩器
	CGE1800A	20000	60	33.5	不带龙门架
	CGE1800B	20000	60	33.5	不带龙门架
杭州杭重 工程机械 有限公司	HZQH300C	3000	15	20	不带龙门架
		6000	30	20	带龙门架
	HZQH400	4500	22.5	20	不带龙门架
		9000	45	20	带龙门架
	HZQH500	5000	25	20	不带龙门架
		12000	55	22	带龙门架
	HZQH700	7000	35	20	不带龙门架
		15000	70	22	带龙门架

续表

生产厂家	型号	标准夯击能 （kN·m）	起重量 （t）	落距 （m）	备注
郑州郑宇 重工有限 公司	YTQH259B	2590	15	18	不带龙门架
		5000	—	—	带龙门架
	YTQH350B	3500	17.5	20	不带龙门架
		7000	—	—	带龙门架
	YTQH450B	4500	23	20	不带龙门架
		8000	—	—	带龙门架
	YTQH650B	6500	32.5	20	不带龙门架
		13000	—	—	带龙门架
	YTQH1000B	10000	50	20	不带龙门架
		20000	—	—	带龙门架
徐工集团 工程机械 有限公司	XGH100	1050	7	15	不带龙门架
	XGH300K	3000	15	20	不带龙门架
		6000	30	20	带龙门架
	XGH350	3500	17.5	20	不带龙门架
		8000	40	20	带龙门架
	XGH460	4600	23	20	不带龙门架
		1200	60	20	带龙门架
	XGH600	6000	30	20	不带龙门架
		15000	75	20	带龙门架
	XGH1000K	10000	40	25	不带龙门架

注：—表示厂家未提供相关参数。

问题 33. 夯锤的排气孔如何设置？施工时是否需要排气孔全部畅通？

夯锤排气孔的主要作用有：一是夯锤下落过程中夯锤底部气体可自排气孔排出，避免进入夯坑后在夯锤底部形成气垫效应，减弱强夯施工的效果；二是夯击完成后，再次提锤时作为空气进入夯锤和坑底土之间的通道，避免空气难以进入而发生提锤困难或提不起锤的现象。

夯锤应设置排气孔，常规做法夯锤设置 4 个对称气孔，孔径大小一般为 300～400mm。根据实际施工效果，夯锤通常设置 4 个上下贯通的排气孔。但碰到在黏性土场地施工时往往气孔堵塞且清理气孔难度非常大，常常耗费数小时。目前也有在夯锤中心设置一个气孔，孔径大小一般为 600mm 左右，因为孔径大，不容易堵孔，且排气效果较好。相对于 4 个气孔设置，相同重量的铸钢锤体积更小，施工效果也更好（图 3-6）。

图 3-6　设置气孔的铸钢锤

问题 34. 落距的正确测量方法是什么？

在强夯法中，落距是指夯锤自由下落的距离。由于每次夯击之后夯坑深度加大，夯锤自由下落的距离增加，导致强夯过程中落距成为一个变量，因此不同的人员由于理解不同对落距测量（图 3-7）采用的标准不尽相同。当前，关于落距测量的观点主要有三种：

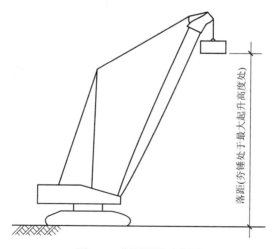

图 3-7　落距测量示意图

（1）夯锤在最大起升高度时锤底与地面间的距离；

（2）夯锤在最大起升高度时夯锤重心与地面间的距离；

（3）夯锤在最大起升高度时锤顶与地面间的距离。

笔者比较赞同第一种观点，用该方法测定的落距为第一次夯击的落距值，是夯击过程中的最小落距值。采用该值作为落距测量值，排除了夯坑深度对落距的影响，可保证夯击能满足设计要求，提高强夯加固效果。

问题 35. 强夯工程如何计算夯沉量?

强夯法施工需要计算的夯沉量包括：单击夯沉量、累计夯沉量与最后两击平均夯沉量。

强夯夯沉量施工记录　　　　　　　　　　表 3-2

夯点编号	夯击次数									
	0	1	2	3	⋯	i	⋯	$n-2$	$n-1$	n
M	X_0	X_1	X_2	X_3		X_i		X_{n-2}	X_{n-1}	X_n

表 3-2 为强夯夯点 M 的施工记录。

第 1 击的单击夯沉量 h_1 按下式计算：

$$h_1 = X_1 - X_0 \qquad \text{夯前测量时，塔尺立于夯锤顶面；}$$

$$h_1 = X_1 - X_0 + h_c \qquad \text{夯前测量时，塔尺立于地面。}$$

式中：h_1——第 1 击的单击夯沉量（cm）；

　　　X_1——第 1 击后，塔尺立于夯锤顶面的测量值（cm）；

　　　X_0——夯前测量值（cm）；

　　　h_c——夯锤高度（cm）。

第 i（$i \neq 0$）击的单击夯沉量 h_i 按下式计算：

$$h_i = X_i - X_{i-1}$$

式中：h_i——第 i 击的单击夯沉量（cm）；

　　　X_i——第 i 击后，塔尺立于夯锤顶面的测量值（cm）；

　　　X_{i-1}——第 $i-1$ 击后，塔尺立于夯锤顶面的测量值（cm）；

　　　h_c——夯锤高度（cm）。

累计夯沉量 h 按下式计算：

$$h = X_n - X_0 \qquad \text{夯前测量时，塔尺立于夯锤顶面；}$$

$$h = X_n - X_0 + h_c \qquad \text{夯前测量时，塔尺立于地面。}$$

式中：h——累计夯沉量（cm）；

X_n——第 n 击（最后一击）后，塔尺立于夯锤顶面的测量值（cm）。

最后两击平均夯沉量 $\overline{h}$ 按下式计算：

$$\overline{h} = (X_n - X_{n-2})/2$$

式中：$\overline{h}$——最后两击平均夯沉量（cm）；

X_{n-2}——第 $n-2$ 击（倒数第三击）后，塔尺立于夯锤顶面的测量值（cm）。

问题 36. 强夯置换如何计算填料量？

强夯置换法施工需要计算的填料量包括：单击填料量、累计填料量与累计夯沉量。

强夯置换夯沉量测量记录　　　　　　　　　　　　　　　　　表 3-3

夯点编号	夯击次数							
	0	1	⋯	w	$w+0$	$w+1$	⋯	n
M	X_0	X_1		X_w	X_{w+0}	X_{w+1}		X_n

表 3-3 为强夯置换夯点 M 的施工记录，第 w 击后进行填料。

第 w 击的单击填料量按下式计算：

$$h_{Tw} = X_{w+0} - X_w + h_c$$

式中：h_{Tw}——第 w 击的单击填料量（cm）；

X_{w+0}——第 w 击填料后，塔尺立于填料顶面的测量值（cm）；

X_w——第 w 击后，塔尺立于夯锤顶面的测量值（cm）。

累计填料量 h_T 等于各次填料的单击填料量之和。

累计夯沉量 h 按下式计算：

$$h = X_n - X_0 + h_T \qquad 夯前测量时，塔尺立于夯锤顶面；$$
$$h = X_n - X_0 + h_c + h_T \qquad 夯前测量时，塔尺立于地面。$$

问题 37. 不同能级交接处的强夯施工顺序如何安排？

施工场区内出现不同强夯能级交界的现象主要由以下两种情况引起：

（1）根据需要进行处理的土层厚度划分区域分别采用不同的强夯施工能级；

（2）根据上部结构对地基使用要求的不同划分区域分别采用不同的强夯施工能级。

　　一般情况下，在不同能级交接处，应先进行高能级强夯区域的施工，再进行低能级强夯区域的施工；当工期紧张，不同能级区域需要同步施工时，可按下列方式组织强夯施工：

　　（1）先施工高能级强夯区域的主夯点，待主夯点施工完成后再施工低能级施工区域；

　　（2）沿强夯区域交界地带先施工完成高能级强夯区域一侧一定范围内的施工任务，再进行低能级区域强夯；

　　（3）在低能级强夯区一侧划分出一条隔离带，在隔离带外组织施工，待高能级一侧施工完成后再进行隔离带强夯施工（隔离带宽度可考虑为高能级强夯处理深度的 1.5～2.5 倍）。

问题 38. 夯前标高与设计标高相差较大时，如何进行标高调整?

　　理想情况下，夯前场地标高＝夯后设计标高＋场地夯沉量，可保证夯后场地标高正好等于夯后设计标高。场地夯沉量应根据现场试验确定，没有试验资料时可根据夯击能、土质条件与施工经验进行预估。但强夯施工时往往会遇到实际的夯前场地标高与理想的夯前场地标高相差很大的情况，这时就需要合理组织施工，以确保工期与质量。

　　当实际的夯前场地标高与理想的夯前场地标高相差超过 1.0m 时，需要在强夯前挖土或填土进行标高调整。标高相差小于 1.0m 时，可在施工过程中通过工序组织进行标高调整：

　　（1）当实际的夯前场地标高高于理想的夯前场地标高时，可以在点夯施工完成后、满夯施工前，降低场地标高，降低后的场地标高需要预留出满夯的沉降量；

　　（2）当实际的夯前场地标高低于理想的夯前场地标高时，可以在各遍点夯完成整平场地时，通过回填夯坑进行补土。

　　在强夯施工过程中，每遍施工完成后均要测量场地标高，作为控制标高的重要手段，当实测标高与控制标高相差较多时，及时做出调整。

问题 39. 如何减小地下水对强夯处理效果的影响?

　　地下水是影响强夯施工质量和效果的主要因素之一。

　　对于砂土等粗颗粒土质场地，由于其渗透性好，孔隙水压力消散快，地下水对砂土场地影响不大。但由于夯坑出水的水阻效应会影响施工质量。因此，在强夯施工前，需对场地进行降水，一般将地下水降至夯坑以下 2m 左右即可进行强夯施工。

对于黏性土场地，由于渗透性差，当地下水位较高或土体含水量过高时，强夯过程中土中超孔隙水压力不能消散，地下水不能排出，强夯所施加的能量根本不能改变土体结构，全部被超孔隙水压所抵消。直接采用强夯效果较差，常出现"橡皮土"现象，甚至可能出现夯后地基承载力降低的现象。为了提高强夯加固效果，可采用排水板强夯法、降水强夯法、电渗强夯法或强夯置换等方法。

对于回填场地，由于地形、地貌和地质构造的影响，原场地存在大量的裂隙水、孔隙水和承压水时，如果不采取特殊措施予以排除，强夯施工会引起局部地下水位上升，造成填筑体软化下沉，甚至引起流砂、管涌等现象。此时，一般采取以疏代阻、容许原有经过填筑区域的水通过地基的思路进行处理，即使用盲沟（图 3-8）进行处理。

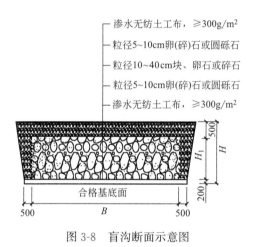

图 3-8　盲沟断面示意图

问题 40. 如何减小降雨对强夯处理效果的影响？

对于砂土、碎石土等粗颗粒土体，降雨后雨水迅速下渗，对强夯施工几乎没有影响，地表无积水的情况下即可进行强夯作业。对于黏土、粉土、粉质黏土等细颗粒土场地，降雨后地表土体被水浸泡湿软，强夯施工的加固效果很差，且易产生机械行走困难、夯坑周围地面隆起、吸锤、砂石飞溅等现象，因此不能立即进行强夯施工。此时，应排净地表积水，经过必要的晾晒后才可以进行强夯施工。

强夯施工中如果夯坑被雨水浸泡，将对强夯施工质量产生较大的影响，如处理不当，容易造成局部地层区域检测达不到设计要求，因此在施工中应引起足够的重视。对于被浸泡的夯坑可以采取如下措施：

① 对于粗颗粒土如碎石土、砂土，可将夯坑中的积水排放干净，简单进行晾晒后即可回填，进行下一工序施工；

② 对于黏性土含量较高的场地，在排放完夯坑中积水后，采用挖掘机将夯坑底部的软泥清理干净，再用好土进行回填夯坑，挖除软泥可铺设在场地表面进行晾晒后再进行下一工序施工；

③ 在强夯施工过程中，密切注意天气变化情况及时做出响应，保证当天的夯坑当天进行验收回填，尽量不留夯坑隔夜。

问题 41. 强夯与强夯置换施工质量检查包括哪些内容?

（1）施工前应检查夯锤质量和尺寸、落距控制方法、排水设施及被夯地基的土质。

（2）施工中应检查夯锤落距、夯点位置、夯击范围、夯击击数、夯击遍数、每击夯沉量、最后两击平均夯沉量、总夯沉量和夯点施工起止时间等。

（3）施工结束后应进行地基承载力、地基土的强度、变形指标及其他设计要求指标检验。

（4）强夯与强夯置换质量检验标准应符合表 3-4 的规定。

强夯与强夯置换质量检验标准　　　　　　　表 3-4

项	序	检查项目	允许偏差或允许值		检查方法
			单位	数值	
主控项目	1	地基承载力	不小于设计值		静载试验
	2	处理后地基土的强度	不小于设计值		原位测试
	3	变形指标	设计值		原位测试
一般项目	1	夯锤落距	mm	±300	钢索设标志
	2	夯锤重量	kg	±100	称重
	3	夯击遍数	不小于设计值		计数法
	4	夯击顺序	设计要求		检查施工记录
	5	夯击击数	不小于设计值		计数法
	6	夯点位置	mm	±500	用钢尺量
	7	夯击范围(超出基础范围距离)	设计要求		用钢尺量
	8	前后两遍间歇时间	设计值		检查施工记录
	9	最后两击平均夯沉量	设计值		水准测量
	10	场地平整度	mm	±100	水准测量

问题 42. 最后两击平均夯沉量无法满足规范要求时如何处理?

《建筑地基处理技术规范》JGJ 79—2012 规定：夯点的夯击次数，应根据现场试夯的夯击次数和夯沉量关系曲线确定，并应同时满足下列条件：

（1）最后两击平均夯沉量，宜满足表 3-5 的要求；

强夯工程点夯最后两击平均夯沉量 （mm）　　　　　表 3-5

单击夯击能 E(kN·m)	最后两击平均夯沉量不大于(mm)
$E<4000$	50
$4000 \leqslant E < 6000$	100
$6000 \leqslant E < 8000$	150
$8000 \leqslant E < 12000$	200

（2）夯坑周围地面不应发生过大的隆起；

（3）不应夯坑过深而发生提锤困难。

在某些工程中，当夯坑周围地面已发生过大的隆起或发生提锤困难，但最后两击平均夯沉量无法满足规范的要求，此时可按以下方法进行处理：

（1）地面无明显隆起，但因夯坑过深出现提锤困难时，可回填夯坑后继续夯击，直至最后两击平均夯沉量满足要求；

（2）夯坑周围地面不应发生过大的隆起时，可采取夯点二次夯击的方式进行施工，即第一次夯击至夯坑周围地面产生过大的隆起时停止夯击，将夯坑回填后间歇一定时间，然后进行第二次夯击，直至最后两击平均夯沉量满足要求；

（3）采用上述方法不能解决问题时，可与设计院共同进行研究，适当地放宽对最后两击平均夯沉量的要求。

问题 43. 夯坑周边地面隆起有何影响，应如何采取措施?

（1）夯坑周边地面隆起现象产生的原因主要有：

① 硬土层埋深较浅，夯击能偏高，夯击产生的能量波遇硬土层向上反射造成土体隆起，现场施工表现为从强夯开始施工即产生隆起；

② 场地分布较厚黏性土层，随着夯击次数的增加，由于土体渗透性差，孔隙水压力逐渐增长，使夯坑下的地基土产生较大的侧向挤出，引起夯坑周围明显

隆起，现场施工表现为夯击到一定击数后隆起量急剧增大；

③ 夯点布置的间距过小，第一遍点夯施工时夯间土就得到了较好的加固，第二遍点夯施工时夯击能量不能很好地向下传递造成土体隆起，现场施工表现为第二遍点夯施工时比第一遍点夯施工时隆起量大；

④ 夯锤与土体接触时偏斜，造成夯击能量向侧向传递，现场施工表现为夯锤侧向挤压一侧严重隆起。

夯坑周边地面隆起是对强夯能量的一种浪费，多见于含水率较高的黏性土体，一般情况下隆起最大高度超过 30cm 时就要引起重视，通过观测数据评价隆起对强夯的施工效果的影响。

（2）针对夯坑周边地面隆起可以采取以下措施：

① 合理选择夯击能，避免夯击能过大；

② 进行单点夯试验，根据实测数据计算有效夯实系数，确定最佳夯击数；

③ 合理确定夯点间距，避免间距过小；

④ 采取措施保证夯锤垂直落下，避免偏锤。

问题 44. 偏锤的原因是什么，应如何采取措施？

（1）强夯施工过程中产生偏锤的原因主要有：

① 施工机具问题，在夯锤脱钩瞬间夯锤即产生较大的偏斜；

② 夯锤通气孔堵塞，尤其是不对称堵塞的时候易发生夯锤偏斜；

③ 在夯锤接触范围内出现一侧软一侧硬的情况，夯锤向软土一侧偏斜。

（2）针对偏锤现象可以采取以下措施：

① 调整脱钩器保证夯锤垂直下落；

② 保证夯锤通气孔畅通，至少保证有对称的两个气孔畅通；

③ 将夯坑全部回填后继续施工，或将夯坑采用部分填料找平的方式进行调整。

问题 45. 吸锤的原因是什么，应如何采取措施？

（1）强夯吸锤多发生含水率高的黏性土质场地，一般情况下吸锤不会对强夯质量产生直接的影响，但是频繁吸锤现象反映出强夯消散时间不够、影响强夯施工效率、频繁挖锤破坏加固的土体等不利于强夯的因素。在发生吸锤现象时切不可野蛮施工，如采用硬起、硬拽的方式进行施工，轻则造成夯机臂杆折断，重则酿成机毁人亡的事故。产生吸锤现象的原因主要有：

① 在含水率较高的黏性土场地上施工，夯锤通气孔堵塞，夯锤与夯坑侧壁紧密粘附，起锤时由于气压效应，形成吸锤现象；

② 场地表层松散，夯击后夯坑周边有大量土方塌落，将夯锤掩埋，夯锤难以提起。

（2）针对吸锤现象可以采取以下预防措施：

① 定期检查夯锤通气孔，发现通气孔堵塞后及时进行疏通；

② 在含水率高的黏性土场地施工时，可采取夯击过程中回填部分碎石或粗颗粒土的方式，避免夯锤与夯坑侧壁间紧密粘附；

③ 因夯锤掩埋造成提锤困难时，可在夯击前先采用低能级夯击数对浅层土体加固后再正式夯击；

④ 吸锤现象频繁发生时，还应考虑改变施工时间、延长施工间歇期、在场地表层铺设粗颗粒垫层等方式。

（3）吸锤现象发生后可以采取以下处理措施：

① 采用挖掘机将夯锤侧壁掘开，部分剥离夯锤与土体的接触面，使空气可以进入夯锤以下，解决气压效应；

② 在挖掘有困难的时候可以采取两台夯机抬吊夯锤的方式进行处理；

③ 夯锤挖出后，用透水性好、含水率低的土将坑回填；

④ 重新夯击施工。

排气孔是否需要保持全部贯通取决于工程的地质条件：

（1）碎石土、砂土等粗颗粒填土地基施工场地，因土体的空隙大，不会产生气垫效应与吸锤现象，也就没有必要保证排气孔是否全部贯通了，但是要保证排气孔对称贯通，主要原因是保证夯锤落下时不发生偏斜（此类场地排气孔一般不会发生堵塞）；

（2）含水率较高的黏性土，因为夯击过程中极易产生气垫效应与吸锤现象，这时夯锤贯通就十分必要，需要在施工时随时检查排气孔是否堵塞，随时进行通孔；

（3）湿陷性黄土施工场地，因含水率低，此类场地一般不会发生吸锤的现象，但会产生气垫的现象，因此需要保证夯锤至少有两个对称贯通的排气孔。

问题 46. 橡皮土产生的原因是什么，如何预防与处理？

橡皮土的形成主要有三个条件，一是土体为黏土、粉质黏土、粉土等透水能力较差的细颗粒土体；二是土体含水率较高，一般情况下土体处于饱和状态；三是土体受到反复扰动，而且中间土体没有消散间歇时间。

（1）施工过程中有以下现象：

① 地基土在强夯夯击过程中，地基土在一定范围内发生颤动，受夯击处下陷，四周鼓起，形成软塑状态，而体积并没有压缩，甚至人踩上去都有一种颤动感觉；

② 在含水量很大的黏土或粉质黏土、淤泥质土、腐殖土等原状土地基土进行回填，或采用这种土作土料进行回填时，由于原状土被扰动，颗粒之间的毛细孔遭到破坏，水分不易渗透和散发。当施工时气温较高，对其进行夯击或碾压，表面易形成一层硬壳，更加阻止了水分的渗透和散发，因而使土形成软塑状态的橡皮土。这种土埋藏越深，水分散发越慢，长时间内不易消失；

③ 成片出现橡皮土，使地基的承载力降低、变形加大，地基长时间不能得到稳定。

（2）针对橡皮土可以采取以下预防措施：

① 回填土时应适当控制填土的含水量，工地简单检验，一般以手握成团，落地开花为宜；

② 避免将含水量过大的黏土、粉质黏土、淤泥质土等用作回填土；

③ 暂停一段时间回填，使橡皮土含水量逐渐降低。

（3）橡皮土形成后可以采取以下处理措施：

① 用干土、石灰粉、碎砖等吸水材料均匀掺入橡皮土中，吸收土中水分，降低土的含水量；

② 将橡皮土翻松、晾晒、风干至最优含水量范围，再进行强夯；

③ 将橡皮土挖除，采取换土回填，填以灰土、级配砂石。

问题 47. 软弱土夹层影响加固深度与加固效果时如何处理?

软弱土弱夹层位于加固范围之内，则加固只能达到弱夹层表面，而在软弱夹层下面的土层很难得到加固，这是由于该层吸收了夯击能量难于向下传递所致。可采取以下措施：

（1）对软黏土夹层进行挖除，换填适合强夯加固的土料；

（2）尽量避免在软弱夹层地区采用强夯法，或代之以强夯置换法进行加固地基；

（3）根据实际情况适当加大夯击能量；

（4）采用多遍少击的施工方法。

问题 48. 如何确保强夯置换墩长度？

强夯置换有效加固深度是选择该方法进行地基处理的重要依据，又是反映强夯置换处理效果的重要参数。对于淤泥等黏性土，置换墩应尽量加长。大量的工程实例证明，因置换墩体为散体材料，当软土层底的深度在 5～6m 以下时，没有沉管等导向工具的话，很少有强夯置换墩体能完全穿透软土层，着底在较好土层上。而对于厚度比较大的饱和粉土、粉砂土，因墩下土在施工中密度会增大，强度也有所提高，故在满足地基变形和稳定性要求的条件下可不穿透该土层。在实际工程中可采取以下措施，以尽可能保证置换墩的长度：

（1）采用高能级的置换施工或逐步提高能级的施工方式可以增加置换墩的长度；

（2）选择质地坚硬的碎石较风化程度高的碎石、土颗粒含量大、填料颗粒细的填料成墩的质量要好，且成墩长度更长；

（3）置换成孔过程中要保证成孔的长度，成孔越深往往最终形成的墩体可以更长，施工过程中要坚持"填好料，填小料"的原则，即在保证不吸锤的情况下尽可能不填料或少填料；

（4）选择合适的置换锤的直径，直径较小的置换锤或锤底静压力大的夯锤可以取得更长的置换墩的长度；

（5）施工过程中检查夯锤底面，夯锤底面平整可以保证夯填料更好地向下冲击，夯锤底面磨圆或磨尖的时候，夯填料更容易向侧向挤压。

问题 49. 季节性施工对强夯的影响有哪些，如何采取施工措施？

组织施工的过程中一定要考虑到季节对施工的影响，选择合适的施工季节在工期、经济、质量等方面均可取得良好的施工效果。特别是在黏土、粉质黏土、含水率高的粉土等土质场地施工时要注意季节施工的影响，冬雨期施工均可能会造成局部土体含水量增加，在同一施工场地不能取得最佳的施工效果，冬雨期施工也会造成施工成本增加。

（1）雨期施工的影响

① 黏土、粉质黏土、粉土等场地降雨后表层土体含水率增高；

② 雨期施工时地下水位上升，夯坑出水严重；

③ 施工过程中造成夯坑积水、场地浸泡。

（2）冬期施工的影响

① 冬期施工气温低，施工场地表层有较厚的冻土层，点夯效果较差，满夯无法施工；

② 冬期施工人员、设备效率低下。

（3）雨期施工措施

① 施工过程中密切关注天气情况，降雨前将夯坑回填整平场地，采取压路机将表层土体碾压密实；

② 施工场地整体设置排水坡度和完善的排水体系；

排水坡度设置：在大范围降雨来临之前，应尽量填平夯坑，并使用推土机或挖掘机等辅助设备对场地进行平整，平整原则是中间高四周低。

排水沟设置：对于施工范围较小的区域（小于 1 万 m²），可在施工区域外根据场地的整体坡度设置排水沟。对于施工区域大于 1 万 m² 的场地，应在场地内设置至少纵横两条排水沟，如图 3-9 所示。

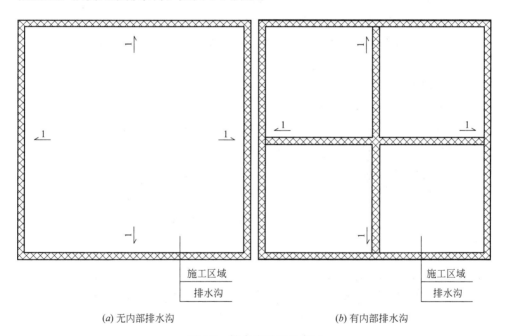

　　　　　(a) 无内部排水沟　　　　　　　　　　　(b) 有内部排水沟

图 3-9　排水沟设置示意图

③ 降雨后应对场地进行晾晒，待表层土体含水量适宜后再进行施工；

④ 夯坑积水时应将夯坑中积水排净，将坑底软泥挖除。

（4）冬期施工措施

① 在有较厚冻土层地区，首先应避免冬期施工，无法避免时应增加夯击击数，前几击的主要作用是破除冻土层；

② 加强施工人员的保温保暖，可采取多班人员进行倒班作业，设备用的润滑油、燃油、液压油一定要更换为能保证机械正常运转的品种。

冬期施工出现冻土层时，不宜进行满夯，满夯应待春季解冻后进行。冻土层厚度在 80cm 以内时，可进行点夯施工，但点夯的能级与击数应适当增加。冻土层厚度大于 80cm 时，宜停止强夯作业。强夯施工完成的地基，如跨冬季不能进行基础施工时，冬季应采取填土等措施进行覆盖保护，避免地基受冻害，覆盖层厚度应大于等于当地标准冻深。

问题 50. 强夯后静载荷试验不合格的原因是什么，如何预防与处理?

（1）原因分析

① 表层土体含水量高，加固效果差；

② 点夯的夯坑过深，满夯有效加固深度不够；

③ 满夯时的夯印搭接小或夯击次数少，影响表层土体加固效果；

④ 强夯施工完成后，场地被雨水浸泡，表层土体变软。

（2）预防及治理措施

① 施工前将表层含水量高的软弱土体挖除换填；

② 点夯的夯坑过深时，适当提高满夯的夯击能或增加一遍低能级原点加固夯，保证夯坑深度范围内的加固效果；

③ 满夯施工时严格控制夯印搭接程度与夯击次数；

④ 强夯施工完成后，采取有效的防排水措施避免场地被雨水浸泡；

⑤ 强降雨过后应使场地进行充分晾晒，避免在降雨后进行地基检测，影响检测结果。

问题 51. 强夯与强夯置换施工危险因素包括哪些?

强夯与强夯置换施工危险因素　　　　表 3-6

场所/活动	序号	潜在危险因素	可能风险
强夯施工起重作业	1	操作站位不对	绳索打击、高处坠落
	2	误操作	机翻物毁、人员伤亡
	3	未按规定挂钩或脱钩器绑扎不牢固	滑脱附落
	4	吊装工具或吊点选择不当	坠落

续表

场所/活动	序号	潜在危险因素	可能风险
强夯施工起重作业	5	起重方案与实际作业脱节	毁物伤人
	6	设备悬空时间过长又未加人工脱钩或保险装置	坠落伤及人、物
	7	起重现场未设警戒区	打击
	8	运行中的电气设备故障或发生严重漏电	触电
车辆驾驶	9	酒后驾驶	交通事故
	10	疲劳驾驶	容易发生交通事故
	11	驾驶时打手机,驾驶时吸烟、饮食、闲谈	妨碍操作容易发生交通事故
	12	超重、超载驾驶	交通事故
	13	雾天能见度低视线不好,在泥泞的道路上行驶	交通事故
焊接气割作业	14	焊接电缆线老化、损坏	用电、火灾
	15	减压表、阀不合格,气管老化破损	火灾、爆炸
	16	电焊机金属外壳无保护接零或保护接地	触电
生活	17	食堂不符合卫生要求,采购的食品及储存的食品变质	职工生病、食物中毒
	18	施工现场无厕所,生活垃圾未及时清运	污染环境、滋生蚊虫、传染疾病
	19	防虫措施	职工得疾病
	20	施工现场无卫生饮用水供应	职工生病,健康得不到保障
	21	无保健医药箱,无急救措施和器材,未配备经急救培训的人员	受伤或生病人员得不到及时救治
用电及电气操作	22	只有经过培训合格的电工才允许进行电气操作工作	触电
	23	未按三相五线制配置线路	触电
	24	用电设备总容量过大,导线截面过小	火灾
	25	电缆、导线绝缘层老化或拖拉损伤	触电、火灾
	26	用电设备未按"一机、一闸、一漏电"进行保护	触电
	27	保护接零线未作重复接地务求未作保护接零	触电
	28	配电箱、开关箱无门无锁,用铜丝或铝丝代替保险丝	触电、火灾

问题 52. 强夯与强夯置换施工环境影响因素包括哪些?

强夯与强夯置换施工环境影响因素 表 3-7

类别	场所、活动(作业)	环境因素	环境影响
噪声	施工现场的设备、切割作业等	噪声排放	影响社区居民休息
废气粉尘	整平场地、裸露土体、原材料运输等	灰、粉尘排放	污染大气
固废	施工现场生活垃圾、剩余原材料及原材料运输遗撒、现场废油手套、废玻璃温度计、办公用废纸张、墨盒、电池、灯管、蓄电池、废硒鼓	固废排放	污染环境及道路
危险化学品	施工现场的油料、外加剂、乙炔等	现场保管意外泄漏、爆炸等	污染土地/水体
废水	生活废水	废水排放	污染土地/水体
生态环境	现场施工活动中的生活、办公、料场使用土地	破坏植被、占用农田、牧场、森林	破坏生态环境
光污染	电焊机发出的弧光、夜间施工时的强光等	视觉污染	影响社区居民健康

问题 53. 强夯与强夯置换施工资料包括哪些内容?

强夯与强夯置换施工资料 表 3-8

阶段	资料名称
施工准备	开工报告
	单位资质报验
	管理人员报验
	特种作业人员报验
	施工设备进场报验
	材料进场报验
	施工组织设计报审
	专项施工方案报审
	HSE 方案报审

续表

阶段	资料名称
试验施工 正式施工	测量放线报验
	安全技术交底
	施工记录
	施工日志
	特种作业申请
	会议纪要
	工程联系单
	设计变更单
	工程签证
	质量检查表
	安全检查表
	月报、周报、日报表
	工程款支付申请
	检验批质量验收记录
	分项工程质量验收记录
	分部工程质量验收记录
	单位(子单位)工程验收记录
竣工验收	竣工报告
	竣工图纸
	竣工验收记录
	场地交接记录

问题 54. 试夯报告应包括哪些内容?

试夯报告包括试夯施工报告、试夯监测报告与试夯检测报告。

试夯施工报告应包括以下内容:

(1) 工程概述,包括工程概况、编制依据、工程地质条件、水文地质条件等。

(2) 试夯方案概述,包括试夯的目的、地基处理要求、试验区的选择、设计参数、工程量等。

(3) 资源配置情况,包括施工机具配置、劳动力配置、施工材料及用量等。

（4）施工过程描述，包括施工中出现的问题及处置措施、夯沉量与夯击次数关系曲线、各夯点夯击次数、最后两击平均夯沉量与累计填料量统计、施工记录等。

（5）结论与建议，对方案的适用性得出结论，对优化设计参数提出建议，提出施工质量、安全、进度与成本控制的措施。

试夯监测报告应包括以下内容：

（1）工程概述，包括工程概况、编制依据、工程地质条件、水文地质条件等。

（2）监测方案，包括监测项目、监测点布置、监测方法、监测工程量等。

（3）监测结果，包括夯坑周围隆起量监测结果、场地标高监测结果、超孔隙水压力监测结果、振动监测结果等。

（4）结论与建议，对监测结果得出结论，对设计与施工参数提出合理的改进建议。

试夯检测报告应包括以下内容：

（1）工程概述，包括工程概况、编制依据、工程地质条件、水文地质条件等。

（2）检测方案，包括检测项目、检测点布置、检测方法、检测工程量等。

（3）检测结果，包括静载试验结果、动力触探结果、静力触探结果、瑞雷波测试结果、土工试验结果、各检测手段夯前夯后数据对比分析等。

（4）结论与建议，根据检测结果得出结论，对设计与施工参数提出合理的改进建议。

问题 55. 吹填地基是否可以采用强夯法进行地基处理?

吹填土具有天然含水量高、孔隙比大、压缩性高、抗剪强度低、成分复杂等特点，工程性质与颗粒组成密切相关。含砂量较多的吹填土，其固结情况和力学性质较好；含黏土颗粒较多的吹填土，则多属于强度较低和压缩性较高的欠压密土，其强度和压缩性指标都比同类天然沉积土差。

以砂土为主的吹填土，渗透性好，可采用强夯法进行处理。以黏性土为主的吹填土，一般呈软塑到流塑状态，土中含有大量的水分，但由于渗透性差从而排水困难，不宜直接采用强夯法进行地基处理。对于该类土一般采用预压法进行处理，也可采用动力排水固结法、堆载预压联合强夯法等方法对表层土体进行加固处理。

问题 56. 强夯如何在"开山填谷"项目中取得良好的施工效果?

"开山填谷"项目中要取得良好的施工效果要注意以下事项:

(1) 施工前,应将作业区内的各类建筑物、旧公路、树根、草根、树丛、灌木、积水、淤泥、耕植土等杂物清除,并运往指定地点;

(2) 开挖出的坡地软弱土可视现场条件现场消纳、临时堆放、运走。采取现场消纳方式时,可采用夹心包的方式进行摊铺,即堆填一层碎石,再堆填一层土,再堆填一层碎石,直至完成一个强夯层的堆填,每层土层厚度不宜超过 200mm;

(3) 软弱土清除后的填筑基层应开挖成台阶,台阶高度视现场情况根据分层堆填厚度确定,台阶宽度一般不宜小于 2.5m,台阶开挖可参考图 3-10;

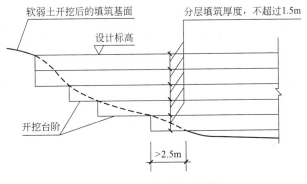

图 3-10　台阶开挖示意图

(4) 分层填筑施工应采取堆填的方式进行填筑,每个填筑亚层虚铺厚度不应超过 1.5m,同时应对回填料的粒径进行控制,避免使用超大粒径石料回填;起始填筑层填料应采用硬质骨料,宜选用中风化岩爆破后的碎石,且不应选用泥岩;

(5) 根据预定回填土层厚度,选用合适的强夯能级进行强夯,强夯过程中对于不同能级区域分界处应以"高能级覆盖低能级"为原则进行夯点布置;

(6) 填方外侧临空面(边坡)处,夯点应沿强夯区域边界线进行布置,填方与山坡面交界处,夯点应尽量靠坡面布置。

问题 57. 淤泥层上覆的粗颗粒土层采用强夯处理的注意事项有哪些?

沿海地区围海造地工程中,经常在土质为淤泥的河床上吹填砂土或回填碎石。为了加快淤泥层的排水固结，条件允许时一般会在淤泥层中插设排水板，上覆砂土层、碎石层作为透水层。这种情况下，采取强夯法进行地基处理，对砂土层、碎石层能够得到有效加固，对淤泥层也有加速排水固结的效果。强夯施工时应注意以下事项：

（1）根据粗颗粒土层的厚度选用合适的强夯能级，选择强夯能级的原则是不对淤泥层造成过分扰动；

（2）该类场地一般都在沿海地区，属于雨水多的施工区域，在施工前要做好排水系统的设置，如有组织地开挖纵、横向排水沟，设置排水坡度等；

（3）一般情况下粗颗粒土强夯施工不需要设置间歇期，但是考虑到下部淤泥层，宜利用施工工序设置一周左右的间歇期；

（4）此类土施工时可考虑工程地质条件的具体情况，对最后两击夯沉量的要求适当放宽。

问题 58. 强夯法处理湿陷性黄土要点是什么？

湿陷性黄土是一种非饱和的欠压密土，具有大孔和垂直节理，在天然湿度下，其压缩性较低，强度较高，但遇水浸湿时，土的强度显著降低，在附加压力与土的自重压力下引起的湿陷变形，是一种下沉量大、下沉速度快的失稳性变形，对建筑物的危害性大。湿陷性黄土又分为自重湿陷性黄土和非自重湿陷性黄土。

采用强夯法处理湿陷性黄土时，要点如下：

（1）强夯的有效加固深度应大于等于湿陷性黄土的厚度；

（2）不得采用粗颗粒骨料或透水性好的材料进行夯坑回填，避免形成雨水或地下水下渗通道；

（3）尽量不在雨期组织施工，必须在雨期施工时应设置完善的防排水体系；

（4）仅消除部分湿陷量的区域，在后期设计时还应考虑防水措施与结构措施，以弥补地基处理的不足。

第 4 章　监测检测

问题 59. 强夯加固效果常规检测手段有哪些?

　　强夯加固效果的检验是强夯工程施工的一项很重要的工作,它包括施工过程中的质量检测和夯后地基的质量检验。常规检测手段主要有载荷试验、标准贯入试验、静力触探、动力触探、十字板剪切试验、旁压试验、现场剪切试验、波速试验等。

　　强夯加固效果的检验方法,根据不同工程其要求也不一样。《建筑地基处理技术规范》JGJ 79—2012 中明确规定:强夯处理后的地基竣工验收,承载力检验应根据静载荷试验、其他原位测试和室内土工试验等方法综合确定。强夯置换后的地基竣工验收,承载力检验除应采用单墩载荷试验进行承载力检验外,尚应采用动力触探等查明置换墩着底情况及密实度随深度的变化情况。强夯地基均匀性检验,可采用动力触探或标准贯入试验、静力触探试验等原位测试,以及室内土工试验。强夯置换地基,可采用超重型动力触探或重型动力触探试验等方法,检查置换墩着底情况及承载力与密实度随深度的变化情况。对饱和粉土地基,当处理后墩间土能形成 2.0m 以上厚度的硬层时,其地基承载力可通过现场单墩复合地基静载试验确定。

问题 60. 各检验方法作用和目的是什么?

　　(1) 载荷试验

　　强夯与强夯置换工程中采用的载荷试验包括静载荷试验、单墩静载荷试验与单墩复合地基静载荷试验。

　　静载荷试验主要用于确定强夯后地基及强夯置换后桩间土的承载力和变形模量。

　　强夯置换后墩间土不能形成 2.0m 以上厚度的硬层时,采用单墩静载荷试验确定强夯置换后地基的承载力和变形模量。

（2）标准贯入试验

标准贯入试验适用于砂土、粉土和一般黏性土，可用于评价砂土的密实度、粉土和黏性土的强度和变形参数。还用于辅助载荷试验判断夯后地基承载力并确定有效加固深度，评价消除液化地基的效果。

（3）静力触探试验

静力触探试验适用于黏性土、粉土、砂土及含少量碎石的土层。用以测定贯入度、锥尖阻力、侧壁摩阻力和孔隙水压力。

（4）动力触探试验

动力触探试验适用于强风化、全风化的硬质岩石、各种软质岩石、砂土、碎石土。用于确定砂土的孔隙比、碎石密实度，粉土、黏性土的状态、强度与变形参数，评价场地的均匀性和进行力学分层，检验加固和改良效果。

（5）十字板剪切试验

十字板剪切试验适用于测定饱和软黏土的不排水抗剪强度和灵敏度。

（6）现场剪切试验

现场剪切试验用于绘制应力与强度、应力与位移、应力与应变曲线，确定岩土的抗剪强度和弹性模量与泊松比等。

（7）波速试验

波速试验适用于确定与波速有关的岩土参数，如压缩波和剪切波的波速、剪切模量、弹性模量、泊松比等，从而检验岩土加固和改良的效果。

（8）土工试验

土工试验主要用于测定土的基本工程特性，如土的相对密度、粒度、密度、含水量、孔隙比、塑性指数、液性指数、透水性、压缩性、抗剪和抗压强度以及固结强度等。

通过以上方法检验对强夯前、后的地基土性能进行分析对比，来判断强夯的加固和改良效果，从而为建筑工程设计提供依据。以上的检测方法，在实际工程中往往是相互结合，根据具体工程的要求部分或同时采用。

问题 61. 强夯工程的影响深度、有效加固深度如何测试？

根据土质不同，在强夯前后分别进行静力触探（黏性土、粉土与砂土）、标准贯入试验（砂土、粉土和一般黏性土）、动力触探试验（强风化、全风化的硬质岩石、各种软质岩石、砂土、碎石土）、波速试验（各类土体）等原位测试，形成强夯前后随深度变化的静力触探试验曲线、标准贯入试验曲线、动力触探试验曲线、波速曲线。对强夯前、后的数据进行对比分析，某深度以上夯后各项土体指标均明显改善时，该深度即为强夯影响深度；某深度以上夯后各项土体指标均满足设计要求时，该深度即为强夯有效加固深度。

问题 62. 强夯置换后地基的承载力如何测试？

高饱和度的粉土及软黏土地基采用强夯置换进行处理后形成复合地基。

强夯置换后墩间土能形成 2.0m 以上厚度的硬层时，采用单墩复合地基静载荷试验确定强夯置换后地基的承载力和变形模量。由于强夯置换单墩承担的处理面积较大（一般不小于 3m×3m），采用单墩复合地基静载荷试验时，载荷板面积大、加载量大、设备要求高且安全性差，因此试验难度大。此时，可采用静载荷试验与单墩静载荷试验分别确定墩间土与墩体的承载力，然后计算复合地基承载力。

强夯置换后墩间土不能形成 2.0m 以上厚度的硬层时，复合地基的承载力不考虑桩间土的作用，强夯置换后地基的承载力采用单墩静载荷试验进行测试。

问题 63. 地基质量检测为什么要有时间间隔，时间间隔为什么不同？

经强夯处理的地基，其强度是随着时间增长而逐渐恢复和提高的，因此竣工验收质量检验应在施工结束间隔一定时间后方能进行。

间隔时间与土体的性质有关，根据超孔隙水压力消散所需要的时间不同而不同。对于碎石土和砂土地基，土体渗透性好，孔隙水压力消散快，间隔时间宜为 7~14d；对于粉土和黏性土地基，土体渗透性差，孔隙水压力消散慢，间隔时间宜为 14~28d。强夯置换一般用于渗透性差的软黏土地基，间隔时间宜为 28d。

问题 64. 静载试验、单墩静载荷试验与 单墩复合地基静载荷试验有何异同？

静载荷试验、单墩静载荷试验与单墩复合地基静载荷试验都是强夯与强夯置换后的地基确定承载力与变形模量的方法，异同点见表 4-1。

静载荷试验、单墩静载荷试验与单墩复合地基静载荷试验　　　　　表 4-1

项目	静载荷试验	单墩静载荷试验	单墩复合地基静载荷试验
适用范围	强夯后地基； 强夯置换后墩间土	强夯置换后地基,墩间土不能形成 2.0m 以上厚度的硬层时； 强夯置换墩体,墩间土能形成 2.0m 以上厚度的硬层时	强夯置换后地基,墩间土能形成 2.0m 以上厚度的硬层时
载荷板面积	不宜小于 2.0m²	单墩截面面积	单墩所承担的处理面积
终止加载条件	当出现下列情况之一时： (1)承载板周围的土明显地侧向挤出； (2)沉降急骤增大。压力-沉降曲线出现陡降段； (3)在某一级荷载下,24h 内沉降速率不能达到稳定标准； (4)承压板的累计沉降量已大于其宽度或直径的 6%	同静载荷试验	当出现下列现象之一时： (1)沉降急剧增大,土被挤出或承压板周围出现明显的隆起； (2)承压板的累计沉降量已大于其宽度或直径的 6%； (3)当达不到极限荷载,而最大加载压力已大于设计要求压力值的 2 倍
极限荷载	满足终止加载条件前三种情况之一时,其对应的前一级荷载定为极限荷载	同静载荷试验	
承载力特征值	(1)当压力-沉降曲线上有比例界限时,取该比例界限所对应的荷载； (2)当极限荷载小于比例界限的荷载值的 2 倍时,取极限荷载值的一半； (3)当不能按上述两款要求确定时,取 $s/b=0.01$ 所对应的荷载值,但其值不应大于最大加载量的一半,承压板的宽度或直径大于 2m 时,按 2m 计算。 同一土层参加统计的试验点不应小于 3 点,各试验点实测值的极差不超过平均值的 30% 时,取该平均值作为处理地基的承载力特征值。当极差超过平均值的 30% 时,应分析极差过大的原因,需要时应增加试验数量并结合工程具体情况确定处理后的地基承载力特征值	同静载荷试验	(1)当压力-沉降曲线上极限荷载能确定,而其值不小于比例界限的 2 倍时,可取比例界限；当其值小于比例界限的 2 倍时,可取极限荷载值的一半； (2)当压力-沉降曲线是平缓的光滑曲线时,可按相对变形值确定,取 $s/b=0.01$ 所对应的荷载值,但其值不应大于最大加载量的一半,承压板的宽度或直径大于 2m 时,按 2m 计算。试验点的数量不应小于 3 点,当满足其极差不超过平均值的 30% 时,可取其平均值为复合地基承载力特征值。当极差超过平均值的 30% 时,应分析极差过大的原因,需要时应增加试验数量,并结合工程具体情况确定复合地基承载力特征值。对于墩数少于 5 的独立基础或墩数少于 3 的条形基础,复合地基承载特征值应取最低值

注：s 为承压板的沉降量,b 为承压板的宽度。

问题 65. 什么是静力触探? 在岩土工程中有哪些应用?

　　静力触探测试（static cone penetration test）简称静探（CPT），是把一定规格的圆锥形探头借助机械匀速压入土中，并测定探头阻力等的一种测试方法（图 4-1）。由于贯入阻力的大小与土层的性质有关，因此通过贯入阻力的变化情况，可以达到了解土层工程性质的目的（图 4-2）。孔压静力触探（CPTU）除静力触探原有功能外，在探头上附加孔隙水压力量测装置，用于量测孔隙水压力的增长与消散。利用孔压量测的高灵敏性，可以更加精确地辨别土类，测定评价更多的岩土工程性质指标。

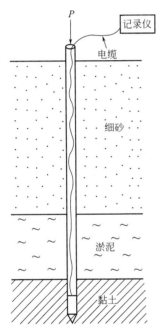

图 4-1　静力触探示意及图层剖面

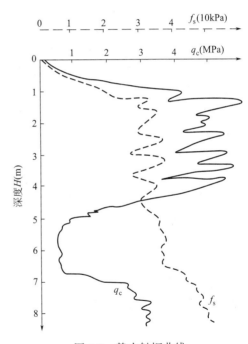

图 4-2　静力触探曲线

　　静力触探技术在岩土工程中的应用在于：
　　① 对地基土进行力学分层并判别土的类型；
　　② 确定地基土的承载力；
　　③ 确定地基土的变形指标；
　　④ 确定饱和软黏土的不排水综合抗剪强度；
　　⑤ 确定土的内摩擦角；

⑥ 估计饱和黏性土的天然重度；

⑦ 确定砂土的相对密实度；

⑧ 判别黏性土的塑性状态；

⑨ 估算单桩承载力；

⑩ 计算前期固结压力与超固结压力比；

⑪ 检验地基加固效果和压实填土的质量；

⑫ 判定地震时饱和砂土液化的可能性。

问题 66. 静力触探试验成果包括哪些内容？

（1）单孔触探成果应包括的内容

① 各触探参数随深度的分布曲线；

② 土层名称及潮湿程度（或稠度状态）；

③ 各层土的触探参数值和地基参数值；

④ 对于孔压触探，如果进行了孔压消散试验，尚应附上孔压随时间而变化的过程曲线；必要时，可附锥尖阻力随时间而改变的过程曲线。

（2）原始数据的修正

在贯入过程中，探头受摩擦而发热，探杆会倾斜和弯曲，探头入土深度很大时探杆会有一定量的压缩，仪器记录深度的起始面与地面不重合，等等，这些因素会使测试结果产生偏差。因而原始数据一般应进行修正。修正的方法一般按《铁路工程地质原位测试规程》TB 10018—2003 的规定进行。主要应注意深度修正和零漂处理。

① 深度修正

当记录深度与实际深度有出入时，应按深度线性修正深度误差。对于因探杆倾斜而产生的深度误差可按下述方法修正：

触探的同时量测触探杆的偏斜角（相对铅垂线），如每贯入 1m 测了 1 次偏斜角，则该段的贯入修正量为：

$$\Delta h_i = 1 - \cos((\theta_i + \theta_{i-1})/2)$$

式中：Δh_i ——第 i 段贯入深度修正量；

θ_i，θ_{i-1} ——第 i 次和第 $i-1$ 次实测的偏斜角。

触探结束时的总修正量为 h_i，实际的贯入深度应为 $h - h_i$。

实际操作时应尽量避免过大的倾斜、探杆弯曲和机具方面产生的误差。

② 零漂修正

一般根据归零检查的深度间隔按线性内插法对测试值加以修正。修正时应注意不要形成人为的台阶。

（3）触探曲线的绘制

当使用自动化程度高的触探仪器时，需要的曲线均可自动绘制，只有在人工读数记录时才需要根据测得的数据绘制曲线。

需要绘制的触探曲线包括 $p_s\text{-}h$ 或 $q_c\text{-}h$、$f_s\text{-}h$ 和 R_f（$=f/q\times100\%$）$\text{-}h$ 曲线（图 4-3）。

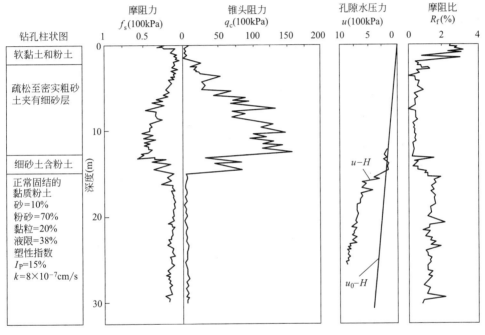

图 4-3　静力触探试验成果曲线

问题 67. 如何利用静力触探进行划分土层?

划分土层的根据在于探头阻力的大小与土层的软硬程度密切相关（图 4-4、图 4-5）。由此进行的土层划分，也称为力学分层。

分层时要注意两种现象，其一是贯入过程中的临界深度效应，另一个是探头越过分层面前后所产生的超前与滞后效应。这些效应的根源均在于土层对于探头的约束条件有了变化。

根据长期的经验确定了以下划分方法：

（1）上下层贯入阻力相差不大时，取超前深度和滞后深度的中点，或中点偏向于阻值较小者 5～10cm 处作为分层面；

（2）上下层贯入阻力相差一倍以上时，取软层最靠近分界面处的数据点偏向硬层 10cm 处作为分层面；

（3）上下层贯入阻力变化不明显时，可结合 f_s 或 R_f 的变化确定分层面。

第（3）条的根据在于当贯入阻力大致相当时，阻力的构成可以反映土性的差异。从此也可看出双桥探头的好处。

土层划分以后，可按平均法计算各土层的触探参数，计算时应注意剔除异常的数据。

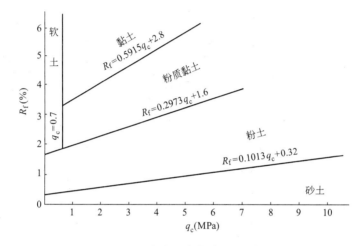

图 4-4　用双桥探头触探参数判别土类

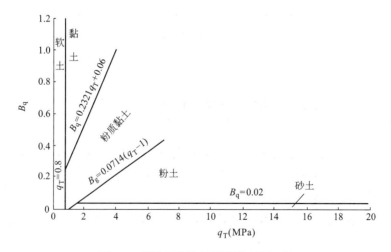

图 4-5　用孔压探头触探参数判别土类

问题 68. 如何利用静力触探确定地基承载力?

用静力触探法求地基承载力的突出优点是快速、简便、有效。在应用此法时，应注意以下几点：

（1）静力触探法求地基承载力一般依据的是经验公式（表 4-2、表 4-3）。这些经验公式是建立在静力触探和载荷试验的对比关系上。但载荷试验原理是使地基土缓慢受压，首先产生压缩（似弹性）变形，然后为塑性变形，最后剪切破坏，受荷过程慢，黏聚力和内摩擦角同时起作用。静力触探加荷快，土体来不及被压密就产生剪切破坏，同时产生较大的超孔隙水压力，对黏聚力影响很大。这样，主要起作用的是内摩擦角，内摩擦角越大，锥头阻力 q_c（或比贯入阻力 p_s）也越大。砂土黏聚力小或为零，黏性土黏聚力相对较大，而内摩擦角相对较小。因此，用静力触探法求地基承载力要充分考虑土质的差别，特别是砂土和黏土的区别。另外，静力触探法提供的是一个孔位处的地基承载力，用于设计时应将各孔的资料进行统计分析以推求场地的承载力，此外还应进行基础的宽度和埋置深度的修正。

（2）地基土的成因、时代及含水量的差别对用静力触探法求地基承载力的经验公式有明显影响，如老黏土（$Q_1 \sim Q_3$）和新黏土（Q_4）的区别。

黏性土静力触探承载力经验公式（f_0-kPa，p_s、q_c-MPa）　　　　表 4-2

序号	公式	适用范围	公式来源
1	$f_0 = 104p_s + 26.9$	$0.3 \leqslant p_s \leqslant 6$	勘察规范（TJ 27—11）
2	$f_0 = 183.4\sqrt{p_s} - 46$	$0 \leqslant p_s \leqslant 5$	铁三院
3	$f_0 = 17.3p_s + 159$ $f_0 = 114.8\lg p_s + 124.6$	北京地区老黏性土 北京地区新近代土	原北京市勘察处
4	$p_{0.026} = 91.4p_s + 44$	$1 \leqslant p_s \leqslant 3.5$	湖北综合勘察院
5	$f_0 = 249\lg p_s + 157.8$	$0.6 \leqslant p_s \leqslant 4$	四川省综合勘察院
6	$f_0 = 86p_s + 45.3$	无锡地区 $p_s = 0.3 \sim 0.5$	无锡市建筑设计院
7	$f_0 = 1167p_s^{0.387}$	$0.24 \leqslant p_s \leqslant 2.53$	天津市建筑设计院
8	$f_0 = 87.8p_s + 24.36$	湿陷性黄土	陕西省综合勘察院
9	$f_0 = 80p_s + 31.8$ $f_0 = 98q_c + 12.94$ $f_0 = 44p_s + 44.7$	黄土地区 平川型新近堆积黄土	机械工程勘察设计研究院
10	$f_0 = 90p_s + 90$	贵州地区红黏土	贵州省建筑设计研究院
11	$f_0 = 112p_s + 5$	软土，$0.085 < p_s < 0.9$	铁道部（1988）

砂土静力触探承载力经验公式（f_0-kPa，p_s、q_c-MPa）　表 4-3

序号	公式	适用范围	公式来源
1	$f_0 = 20p_s + 59.5$	粉细砂 $1 \leqslant p_s \leqslant 15$	用静探测定砂土承载力
2	$f_0 = 36p_s + 76.6$	中粗砂 $1 \leqslant p_s \leqslant 10$	联合试验小组报告
3	$f_0 = 91.7\sqrt{p_s} - 23$	水下砂土	铁三院
4	$f_0 = (25 \sim 33)p_s$	砂土	国外

对于粉土 $f_0 = 36p_s + 44.6$。

问题 69. 什么是动力触探？在岩土工程中有哪些应用？

动力触探是利用一定的锤击能量，将一定规格的探头和探杆打（贯）入土中，根据贯入的难易程度即土的阻抗大小判别土层变化，进行力学分析，评价土的工程性质（图 4-6）。通常以贯入土中的一定距离所需锤击数来表征土的阻抗，以此与土的物理力学性质建立经验关系，用于工程实践。

图 4-6　动力触探试验

动力触探技术在岩土工程中的应用在于：
① 利用触探曲线进行力学分层；
② 评价地基土的密实度和状态；
③ 评价地基承载力；
④ 确定地基土的变形模量；
⑤ 确定单桩承载力；
⑥ 确定抗剪强度；

⑦ 评价地基的均匀性，确定地基持力层。

问题 70. 各类型动力触探的适用范围是什么？

动力触探的适用范围　　　　　　　　表 4-4

类型	黏土	粉黏	粉土	粉砂	细砂	中砂	粗砂	砾砂	碎石土	极软岩	软岩
轻型	■	■	■	■							
重型				■	■	■	■	■	■	■	
超重型									■	■	■

问题 71. 如何利用动力触探试验成果进行地基评价？

根据《建筑地基检测技术规范》JGJ 340—2015，可利用动力触探试验成果判定地基土承载力特征值，评价土的密实度及判定地基的变形模量。

（1）判定地基土承载力特征值

初步判定地基土承载力特征值时，可根据平均击数 N_{10} 或修正后的平均击数 $N_{63.5}$ 按表 4-5、表 4-6 进行估算。

轻型动力触探试验推定地基承载力特征值 f_{ak}（kPa）　　　表 4-5

N_{10}（击数）	5	10	15	20	25	30	35	40	45	50
一般黏性土地基	50	70	90	115	135	160	180	200	220	240
黏性素填土地基	60	80	95	110	120	130	140	150	160	170
粉土、粉细砂土地基	55	70	80	90	100	110	125	140	150	160

重型动力触探试验推定地基承载力特征值 f_{ak}（kPa）　　　表 4-6

$N_{63.5}$（击数）	2	3	4	5	6	7	8	9	10	11	12	13	14	15	16
一般黏性土	120	150	180	210	240	265	290	320	350	375	400	425	450	475	500
中砂、粗砂土	80	120	160	200	240	280	320	360	400	440	480	520	560	600	640
粉砂、细砂土	—	75	100	125	150	175	200	225	250	—	—	—	—	—	—

（2）评价土的密实度

评价砂土密实度、碎石土（桩）的密实度时，可用修正后击数按表 4-7～表 4-10 进行。

砂土密实度按 $N_{63.5}$ 分类　　　　　　　　　　　　　　　表 4-7

$N_{63.5}$	$N_{63.5} \leqslant 4$	$4 < N_{63.5} \leqslant 6$	$6 < N_{63.5} \leqslant 9$	$N_{63.5} > 9$
密实度	松散	稍密	中密	密实

碎石土密实度按 $N_{63.5}$ 分类　　　　　　　　　　　　　　表 4-8

$N_{63.5}$	$N_{63.5} \leqslant 5$	$5 < N_{63.5} \leqslant 10$	$10 < N_{63.5} \leqslant 20$	$N_{63.5} > 20$
密实度	松散	稍密	中密	密实

注：本表适用于平均粒径小于或等于 50mm，且最大粒径小于 100mm 的碎石土。对于平均粒径大于 50mm，或最大粒径大于 100mm 的碎石土，可用超重型动力触探。

碎石桩密实度按 $N_{63.5}$ 分类　　　　　　　　　　　　　　表 4-9

$N_{63.5}$	$N_{63.5} \leqslant 4$	$4 < N_{63.5} \leqslant 5$	$5 < N_{63.5} \leqslant 7$	$N_{63.5} > 7$
密实度	松散	稍密	中密	密实

碎石土密实度按 N_{120} 分类　　　　　　　　　　　　　　表 4-10

N_{120}	$N_{120} \leqslant 3$	$3 < N_{120} \leqslant 6$	$6 < N_{120} \leqslant 11$	$11 < N_{120} \leqslant 14$	$N_{120} > 14$
密实度	松散	稍密	中密	密实	很密

（3）判定地基的变形模量

对冲洪积卵石土和圆砾土地基，当贯入深度小于 12m 时，判定地基的变形模量应结合载荷试验比对试验结果和地区经验进行。初步评价时，可根据平均击数按表 4-11 进行。

卵石土、圆砾土变形模量 E_0 值（MPa）　　　　　　　　　表 4-11

$\overline{N}_{63.5}$（修正锤击数平均值）	3	4	5	6	8	10	12	14	16
E_0	9.9	11.8	13.7	16.2	21.3	26.4	31.4	35.2	39.0
$\overline{N}_{63.5}$（修正锤击数平均值）	18	20	22	24	26	28	30	35	40
E_0	42.8	46.6	50.4	53.6	56.1	58.0	59.9	62.4	64.3

问题 72. 标准贯入试验的基本原理是什么?

标准贯入试验（SPT）实质上仍属于动力触探类型之一，所不同者，其触探头不是圆锥形探头，而是标准规格的圆筒形探头（由两个半圆管合成的取土器），称为贯入器。因此，标准贯入试验就是利用一定的锤击动能，将一定规格的对开管式贯入器打入钻孔孔底的土层中，根据打入土层中的贯入阻力，评定土层的变化和土的物理力学性质。贯入阻力用贯入器贯入土层中的 30cm 的锤击数 N 表示，也称标贯击数。

问题 73. 标准贯入试验的适用范围是什么?

标准贯入试验可用于砂土、粉土和一般黏性土，最适用于 $N = 2 \sim 50$ 击的土层。其目的有：采取扰动土样，鉴别和描述土类，按颗粒分析结果定名；根据标准贯入击数 N，利用地区经验，对砂土的密实度和粉土、黏性土的状态，土的强度参数，变形模量，地基承载力等做出评价；估算单桩极限承载力和判定沉桩可能性；判定饱和粉砂、砂质粉土的地震液化可能性及液化等级。

问题 74. 如何利用标准贯入试验成果进行地基评价?

标准贯入试验的主要成果有：标贯击数 N 与深度的关系曲线，标贯孔工程地质柱状剖面图。下面简述《建筑地基检测技术规范》JGJ 340—2015 中标贯击数 N 的应用。应该指出，在应用标贯击数 N 评定土的有关工程性质时，要注意 N 值是否做过有关修正。

（1）评定土的密实度

砂土的密实度分类 表 4-12

$\overline{N}$（实测平均值）	$\overline{N} \leqslant 10$	$10 < \overline{N} \leqslant 15$	$15 < \overline{N} \leqslant 30$	$\overline{N} > 30$
密实度	松散	稍密	中密	密实

粉土的密实度分类 表 4-13

孔隙比 e	—	$e>0.9$	$0.75 \leqslant e \leqslant 0.9$	$e<0.75$
N_k	$N_k \leqslant 5$	$5<N_k \leqslant 10$	$10<N_k \leqslant 15$	$N_k>15$
密实度	松散	稍密	中密	密实

（2）评定地基土的承载力

用标贯修正击数 N' 初步判定地基土承载力特征值。

砂土承载力特征值 f_{ak} （kPa） 表 4-14

N'	10	20	30	50
中砂、粗砂 f_{ak}	180	250	340	500
粉砂、细砂 f_{ak}	140	180	250	340

粉土承载力特征值 f_{ak} （kPa） 表 4-15

N'	3	4	5	6	7	8	9	10	11	12	13	14	15
f_{ak}	105	125	145	165	185	205	225	245	265	285	305	325	345

黏性土承载力特征值 f_{ak} （kPa） 表 4-16

N'	3	5	7	9	11	13	15	17	19	21
f_{ak}	90	110	150	180	220	260	310	360	410	450

N' 为杆长修正锤击数，锤击数可按下式进行钻杆长度修正：

$$N' = \alpha N$$

式中：N'——标准贯入试验修正锤击数；

N——标准贯入试验实测锤击数；

α——触探杆长度修正系数，可按表 4-17 确定。

标准贯入试验触探杆长度修正系数 表 4-17

触探杆长度（m）	$\leqslant 3$	6	9	12	15	18	21	25	30
α	1.00	0.92	0.86	0.81	0.77	0.73	0.70	0.68	0.65

（3）判定饱和砂土的地震液化问题

对于饱和的砂土和粉土，当初判为可能液化或需要考虑液化影响时，可采用标准贯入试验进一步确定其是否液化。当饱和砂土或粉土实测标准贯入锤击数（未经杆长修正）N 值小于下面公式确定的临界值 N_{cr} 时，则应判为液化土，否则为不液化土。

$$N_{cr}=N_0[0.9+0.1(d_s-d_w)]\sqrt{\frac{3}{p_c}}$$

式中：d_s——饱和土标准贯入点深度（m）；

$\quad\quad d_w$——地下水位；

$\quad\quad p_c$——饱和土黏粒含量百分率，当 p_c（%）<3 时，取 p_c=3；

$\quad\quad N_0$——饱和土液化判别的基准贯入锤击数，可按表 4-18 采用；

$\quad\quad N_{cr}$——饱和土液化临界标准贯入锤击数。

液化判别的基准贯入锤击数 N_0 值　　　　　　　　表 4-18

地震烈度	7 度	8 度	9 度
近震	6	10	16
远震	8	12	—

注：适用于地面下 15m 深度范围内的土层。

问题 75. 瑞雷波法的检测原理是什么？

瑞雷波法强夯检测是一种利用瑞雷波的运动学特征和动力学特征来进行强夯处理效果检测的地球物理方法。

在自由界面（如地面）上进行竖向激振时，均会在其表面附近产生瑞雷波，而瑞雷波有几个与工程质量检测有关的主要特征：在分层介质中，瑞雷波具有频散特征；瑞雷波的波长不同，穿过的深度也不同；瑞雷波的传播速度与介质的物理力学性质密切相关；研究证明，瑞雷波的能量约占整个地震波能量的 67%，而且主要集中在地表下一个波长的范围内，而传播速度代表着半个波长（$\lambda_r/2$）范围内介质振动的平均传播速度。因此，一般认为瑞雷波的测试深度为半个波长，而波长与速度及频度有如下的关系：

设瑞雷波的传播速度为 V_r，频率为 f_r，则波长为：$\lambda_r=V_r/f_r$。

当速度不变时，频率越低，则测试深度就越大。

瑞雷波检测方法（图 4-7）分为瞬态法和稳态法两种。这两种方法的区别在于振源不同。瞬态法是在激振时产生一定频率范围的瑞雷波，并以复频波的形式传播；而稳态法是在激振时产生相对单一频率的瑞雷波，并以单一频率波的形式传播。通常在强夯检测中采用瞬态瑞雷波。

现场数据采集通常采用纵排列接收瑞雷波。首先做现场试验，并结合现场情

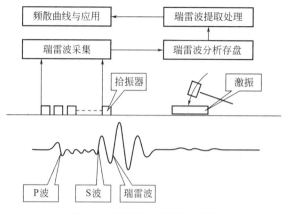

图 4-7 瑞雷波的测试原理图

况选择合适的工作参数，如偏移距、道间距、记录长度、采磁间距等。

问题 76. 如何进行多道瞬态面波试验检测数据的分析与应用?

面波数据资料预处理时，应检查现场采集参数的输入正确性和采集记录的质量。采用具有提取频散曲线功能的软件，获取测试点的面波频散曲线（图 4-8）。

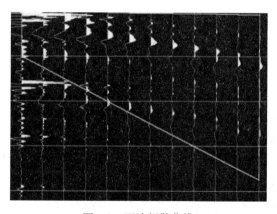

图 4-8 面波频散曲线

频散曲线的分层，应根据曲线的曲率和频散点的疏密变化综合分析；分层完成后，可反演计算剪切波层速度和层厚。

根据实测瑞利波波速和动泊松比，可按下列公式计算剪切波波速：

$$V_s = V_R / \eta_s$$

$$\eta_s = (0.87 - 1.12\mu_d) / (1 + \mu_d)$$

式中：V_s——剪切波速度（m/s）；

  V_R——面波速度（m/s）；

  η_s——与泊松比有关的系数；

  μ_d——动泊松比。

对于大面积普测场地，对剪切波速可以等厚度计算等效剪切波速，并应绘制剪切波速等值图，分层等效剪切波速可按下列公式计算：

$$V_{se} = d_0 / t$$

$$t = \sum_{i=1}^{n} (d_i / V_{si})$$

式中：V_{se}——土层等效剪切波速（m/s）；

  d_0——计算深度（m），一般取 2～4m；

  t——剪切波在计算深度范围内的传播时间（s）；

  μ_d——动泊松比；

  d_i——计算深度范围内第 i 层土的厚度（m）；

  V_{si}——计算深度范围内第 i 层土剪切波速（m/s）；

  n——计算深度范围内土层的分层数。

对地基处理效果检验时，应进行处理前后对比测试，并保持前后测点测线一致。可不换算成剪切波速，按处理前后的瑞利波速度进行对比评价和分析。

当测试点密度较大时，可绘制不同深度的波速等值线，用于定性判断场地不同深度处地基处理前后的均匀性（图 4-9）。在波速较低处布置动力触探、静载试验等其他测点。根据各种方法的测试结果对处理效果进行综合判断。

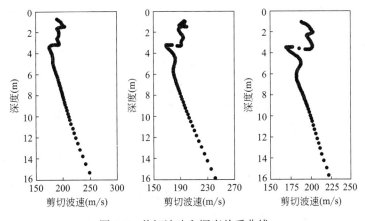

图 4-9　剪切波速和深度关系曲线

瑞利波波速与承载力特征值和变形模量的对应关系应通过现场试验比对和地区经验积累确定；初步判定碎石土地基承载力特征值和变形模量，可按表 4-19

估算。

瑞利波波速与碎石土地基承载力特征值和变形模量的对应关系　　表 4-19

$V_R(m/s)$	100	150	200	250	300
$f_{ak}(kPa)$	110	150	200	240	280
$E_0(MPa)$	5	10	20	30	45

注：表中数据可内插求得。

多道瞬态面波试验应给出每个试验孔（点）的检测结果和单位工程的主要土层的评价结果。

检测报告应包括下列内容：

（1）检测点平面布置图，仪器设备一致性检查的原始资料，干扰波实测记录；

（2）绘制各测点的频散曲线，计算对应土层的瑞利波相速度，根据换算的深度绘制波速-深度曲线或地基处理前后对比关系曲线；有地质钻探资料时，应绘制波速分层与工程地质柱状对比图；

（3）根据瑞利波相速度和剪切波速对应关系绘制剪切波速和深度关系曲线或地基处理前后对比关系曲线，面波测试成果图表等；

（4）结合钻探、静载试验、动力触探和标贯等其他原位测试结果，分析岩土层的相关参数，判定有效加固深度，综合做出评价。

问题 77. 振动监测的目的是什么?

强夯时释放出强大的夯击能，引起四周岩土介质的振动，并以各种波的形式向四周传播，使远处的岩土以及建筑在其上的建筑物发生振动，造成震害的程度决定于震级大小、夯点之间的距离、岩土介质的性质以及建筑物的特点等。

强夯试验时应进行振动监测（图 4-10），得出振动速度峰值与距离的衰减关系，以判断其对周围建筑物的影响，也可为工程抗震和隔震设计提供最大振速、振动主频等基本数据。

强夯振动影响评价，应根据具体项目具体分析，与建筑场地类型、周边地物抗震设防等

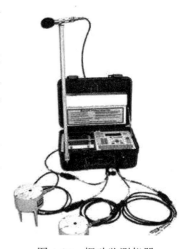

图 4-10　振动监测仪器

级、场地地层岩性及均匀性和强夯施工工艺等有关。

问题 78. 振动监测的原理是什么?

夯击振动产生的地震波分为体波和面波,体波分为纵波和横波,主要沿地层深度方向传播,面波主要沿地表传播。夯击振动对周围地物环境的影响主要以地面振动为主,以夯点为圆心,地面能量向远处传播并衰减。因此,地表振动强夯能量监测点的布置应在夯点与受影响建筑物之间由近到远沿直线排列。监测时,在距夯点不同距离的地面上布置检波器,采用仪器记录地表处振动波形曲线,通过对振动曲线分析解释,总结强夯引起地表处振动的规律。

振动传感器在测试技术中是关键部件之一,它的作用主要是将机械量接收下来,并转换为与之成比例的电量,振动传感器的好坏直接影响到监测结果的准确性。由于它也是一种机电转换装置,所以有时也称它为换能器、拾振器等。振动传感器并不是直接将原始要测的机械量转变为电量,而是将原始要测的机械量作为振动传感器的输入量 M_i,然后由机械接收部分加以接收,形成另一个适合于变换的机械量 M_t,最后由机电变换部分再将 M_t 变换为电量 E。因此一个传感器的工作性能是由机械接收部分和机电变换部分的工作性能来决定的。

一般来说,振动传感器在机械接收原理方面(图 4-11),只有相对式、惯性式两种,其中惯性式应用较为广泛。惯性式机械测振仪测振时,是将测振仪直接固定在被测振动物体的测点上,当传感器外壳随被测振动物体运动时,由弹性支承的惯性质量块 m 将与外壳发生相对运动,则装在质量块 m 上的记录笔就可记录下质量元件与外壳的相对振动位移幅值,然后利用惯性质量块 m 与外壳的相对振动位移的关系式,即可求出被测物体的绝对振动位移波形。

通过传感器监测数据,经过一系列数学、物理推导换算,便可得出监测点的振动加速度、振动速度和振动位移。

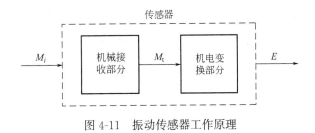

图 4-11　振动传感器工作原理

问题 79. 确定安全距离时振动监测点如何布置?

强夯施工振动影响的安全距离一般在试夯时通过振动监测进行确定,监测点通常以夯点为振源,呈直角布置两条测线,其中一条测线上布置隔振沟。无隔振沟的测线上距夯点 5m、10m、20m、30m、50m、70m、100m、150m、200m 分别进行质点三向合振速监测,有隔振沟的测线上距夯点 5m、10m、隔振沟量测、40m 分别进行质点三向合振速监测。每条线的监测点布置如图 4-12 所示(单位:m)。

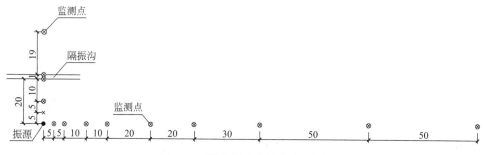

图 4-12 强夯振动监测点布置图

问题 80. 强夯振动监测参数有哪些, 振动监测标准如何确定?

强夯对建筑物影响的监测主要采用目测法与仪器法。目测法主要是在夯击时及时检查建筑物掉灰、墙体有无裂纹的情况来判断强夯对建筑物的影响;仪器法是指采用测试仪器对强夯时产生的三向加速度、速度,从量化的标准上来判断对建筑的影响;另外对位移的监测也可量化地来判断对建筑的影响程度。

为保证建(构)筑物不因强夯振动影响而产生破坏,根据强夯施工振动监测得到的振动速度/加速度随距离的变化关系,确定最小安全距离(图 4-13)。当建(构)筑物与强夯施工区域的距离大于最小安全距离时即满足要求,否则应采取有效的减振措施。

根据《爆破安全规程》GB 6722—2014,振动速度应符合下列要求(表 4-20)。

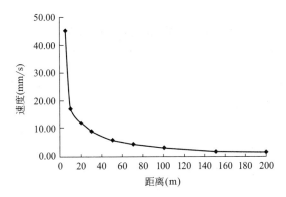

图 4-13　振动速度衰减曲线

振动速度允许标准　　　　　　　　　　　　　　　表 4-20

序号	保护对象类别	安全允许质点振动速度 V(cm/s)		
		$f \leqslant 10\,Hz$	$10Hz < f \leqslant 50Hz$	$f > 50\,Hz$
1	土窑洞、土坯房、毛石房屋	0.15~0.45	0.45~0.9	0.9~1.5
2	一般民用建筑物	1.5~2.0	2.0~2.5	2.5~3.0
3	工业和商业建筑物	2.5~3.5	3.5~4.5	4.2~5.0
4	一般古建筑与古迹	0.1~0.2	0.2~0.3	0.3~0.5
5	运行中的水电站及发电厂 中心控制室设备	0.5~0.6	0.6~0.7	0.7~0.9
6	水工隧洞	7~8	8~10	10~15
7	交通隧道	10~12	12~15	15~20
8	矿山巷道	15~18	18~25	20~30
9	永久性岩石高边坡	5~9	8~12	10~15
10	新浇大体积混凝土(C20): 龄期:初凝~3d 龄期:3~7d 龄期:7~28d	1.5~2.0 3.0~4.0 7.0~8.0	2.0~2.5 4.0~5.0 8.0~10.0	2.5~3.0 5.0~7.0 10.0~12

注：1. 表中质点振动速度为三分量中的最大值；振动频率为主振频率。
　　2. 频率范围根据现场实测波形确定或按如下数据选取：硐室爆破 $f < 20Hz$；露天深孔爆破 $f = 10~60Hz$；露天浅孔爆破 $f = 40~100Hz$；地下深孔爆破 $f = 30~100Hz$；地下浅孔爆破 $f = 60~300Hz$。
　　3. 爆破振动监测应同时测定质点振动相互垂直的三个分量。

问题 81. 隔振沟的作用是什么?

有关研究表明，强夯产生的冲击波，按其在土中的传播和对土的作用特征可分为体积波和界面波，体积波包括纵波、横波，分别约占总能量的 7%、26%；界面波包括瑞利（Rayleigh）波和乐夫（Love）波，约占总能量的 67%。占总能量较大的横波、界面波均只能在固体中传播。试验表明，开口的隔振沟是最理想的波障；隔振沟的沟宽基本不影响隔振效果，增加隔振沟沟宽来提高隔振效果的工程意义不大，但在相同的地质条件下，隔振沟沟深越大，隔振效果越好（图 4-14）。

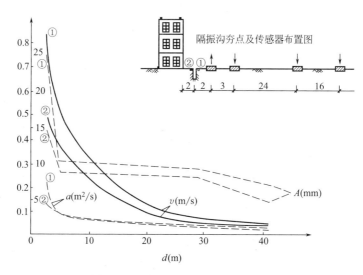

图 4-14　隔振沟两侧地表土振动差异

（a—加速度；A—振幅；v—速度）

隔振沟有两类：主动隔振沟采用靠近或围绕振源的隔振沟，以减小从振源向外辐射的能量；被动隔振沟是靠近被保护的对象开挖隔振沟。

问题 82. 什么是槽带状隔振沟与网状消能区复合隔振结构?

槽带状隔振沟与网状消能区复合隔振结构（图 4-15）是一种适用于强夯施工中保护既有建（构）筑物的隔振结构。该结构包括设置在地表的槽带状主动隔振

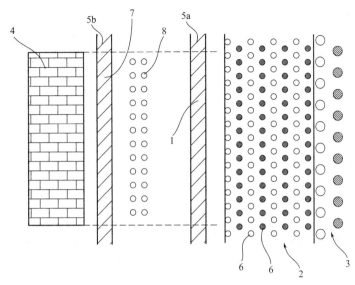

图 4-15　槽带状隔振沟与网状消能区复合隔振结构示意图

1—槽带状主动隔振沟；2—网状消能区；3—强夯区域；4—已有建筑物；
5—防绕射段；6—圆形深坑；7—被动隔振沟；8—应力释放孔

沟以及网状消能区，槽带状主动隔振沟位于强夯区域以及已有建筑物之间，网状消能区位于强夯区域以及所述槽带状主动隔振沟之间，网状消能区包括若干呈阵列状分布的柱锤强夯产生的圆形深坑。该结构的优点是，将槽带状主动隔振沟、网状消能区以及应力释放孔等减振手段与先进的监测技术相结合，有效地降低了强夯施工作业产生的振动对强夯施工区域周边已有建筑的影响，使得强夯施工技术可以应用在距离建筑物较近的区域。

问题 83. 孔隙水压力监测的目的是什么？

通过孔隙水压力监测，可观测强夯后土中超静孔隙水压力及其消散速度（时间），确定强夯施工时两遍夯击间隔的合理时间，以使大面积强夯施工时既能最大限度地缩短施工周期，又能有效地保证处理效果。

问题 84. 孔隙水压力测试孔和测点的布置原则是什么？

测试孔和测点的布置，应根据测试目的与要求，结合场地地质周围环境和作业条件综合考虑确定，并应符合下列要求：

（1）每项工程测试孔的数量，应不少于 3 个；

（2）孔隙水压力测试孔宜布置在强夯范围的纵横轴线上，间距宜为 5～10m；

（3）在垂直方向上测点应根据应力分布特点和地层结构布设；一般每隔 2～5m 布设 1 个测点；当分层设置时，每个测试孔每层应不少于 1 个测点；孔隙水压力测点的深度应与预计强夯加固深度一致，垂直间距宜为 2～3m；

（4）对需要提供孔隙水压力等值线的工程或部位，测试孔应适当加密，且埋设同一高程上的测点高差宜小于 0.5m；

（5）对控制性的测点，埋设后如遇下列情况时必须及时补点：

测定的初始值不稳定或孔隙水压力计失效。

问题 85. 强夯地基检测项目的固体体积率如何控制？

固体体积率是用来表达填料在施工压实过程中密实度的一个参数，是材料的固体体积在整个试块体积（固体＋液体＋气体）中的占有量，反映了材料的密实程度，固体体积率越大密实度也就越大。固体体积率同孔隙率的概念相对应，根据固体体积率和孔隙率的概念不难看出，固体体积率＋孔隙率＝1。

固体体积率一般用于孔隙率较大的石方填筑项目的压实度质量控制，具体的项目为公路、市政工程、机场跑道、停机坪等的填实路基质量检查。在实际工程应用中采取以固体体积率控制为主、沉降差控制为辅控制压实度质量的方法取得了良好的效果，实践中也证明了该方法具有可操作性，对填石地基的压实质量控制有很好的指导作用。

如在固体体积率的检测中发现有达不到设计要求的，根据现场检测情况，不合格的主要原因一般有以下几种情况：

（1）局部区域不满足设计要求，主要查看是否土质不满足要求；

（2）大部分区域检测不合格，这就要考虑强夯的施工参数是否适应施工要求，进行必要的强夯施工参数调整；

（3）表层检测点合格，但是深层检测点固体体积率不合格，这可能是填筑层过厚造成的，这时应该将填筑层超厚的部分以上挖掉，挖除超厚部分后按设计要求重新强夯。

问题 86. 不同地基土的检测项目及检测数量如何确定？

地基土检测项目：地基均匀性检测；地基承载力检测。

强夯地基均匀性检测可采用动力触探试验、标准贯入试验、静力触探试验等原位测试，以及室内土工试验。检验点的数量，可根据场地复杂程度和建筑物的重要性确定，对于简单场地上的一般建筑物，按每 $400m^2$ 不少于 1 个检测点，且不少于 3 点；对于复杂场地或重要建筑地基，按每 $300m^2$ 不少于 1 个检验点，且不少于 3 点。

强夯地基承载力检测的数量，应根据场地复杂程度和建筑物重要性确定，对于简单场地上的一般建筑，每个建筑地基载荷试验检验点不应少于 3 点；对于复杂场地或重要建筑地基应增加检验点数。检测结果的评价，应考虑夯点和夯间位置的差异。

问题 87. 压缩模量与变形模量有何区别，二者有何关系?

土的压缩模量：在完全侧限的条件下，土的竖向应力变化量与其相应的竖向应变变化量之比。

土的变形模量：土变形模量是土在无侧限条件下受压时，压应力增量与压应变增量之比，应力是单向的，而其变形却是三向的。变形模量是评价土压缩性和计算地基变形量的重要指标。变形模量越大，土的压缩性越低。变形模量常用于地基变形计算，可通过荷载试验计算求得。

根据广义虎克定律可以建立起变形模量与压缩模量的理论关系：

$$E_0 = \left(1 - \frac{2\mu^2}{1-\mu}\right)E_s$$

理论上泊松比 $0 \leqslant \mu \leqslant 0.5$，$E_0 \geqslant E_s$。但是工程中往往是 $E_0 \leqslant E_s$，出现此种差异提供以下几个参考因素：

（1）不同深度的土体模量各不相同，不能假设土体是各向同性的。

（2）固结试验测得的土样变形是实际发生的变形，而载荷试验测得的变形（准确地说应该是压板的沉降）实际上很大部分是由于土体空间位置的变化而导致，实际土体的体积变化远没有观测到的这么大。这可以从用手指按住气球，接触点可观察到明显的变形但气体体积实际并没有发生大的变化来解释。

（3）根据各个参数试验手段不同，在土体模拟分析时，一维压缩问题，推荐用 E_s；如果是三维变形问题，推荐用 E_0。

第 5 章　发展展望

问题 88. 强夯技术及机械的发展现状与发展趋势是什么?

　　近年来，国内强夯技术发展迅速，当前强夯技术的发展主要可分为两个方向：一个是超高能级强夯技术的研究与实践，一个是强夯技术的改进与联合应用。

　　2016 年延安新城北区工程成功进行 20000kN·m 能级强夯处理黄土回填场地的工程试验，使强夯加固细颗粒土地基的施工能级提高到 20000kN·m；同年大连临空产业园人工岛填海造地工程成功进行了 25000kN·m 能级强夯处理开山石回填场地的工程试验，使强夯加固粗颗粒土地基的施工能级提高到 25000kN·m。

　　通过强夯技术改进，成功研发并推广应用的新技术主要有孔内深层强夯法、强夯半置换法、组合锤法、预成孔深层水下夯实法与预成孔填料置换强夯法等；通过强夯联合应用，成功研发并推广应用的新技术主要有高真空击密法、注水强夯法、动力排水固结法、降水电渗联合强夯法与堆载预压联合强夯法等。这些新技术的发展，使得强夯的应用范围拓展至吹填土、饱和黏性土、淤泥及淤泥质土等地基，地基处理深度已经达到 40m 以上。

问题 89. 强夯机械的发展现状与发展趋势是什么?

　　随着强夯法的大量应用与强夯技术的不断发展，强夯机械也得到了迅速的发展。目前，强夯机械的发展趋势为：液压式强夯机逐步替代机械式强夯机，代用强夯机向专用强夯机发展，强夯机械的自动化与智能化程度越来越高。例如，中化岩土集团股份有限公司与大连理工大学工程机械研究所合作研发的具有自主知识产权的 CGE1800 系列、CGE800 系列与 CGE400 系列强夯机，为全液压驱动的专用强夯机，具有远程操控、自动记录等功能，其中 CGE800 系列与 CGE400 系列强夯机可实现不脱钩施工，CGE1800 系列强夯机（图 5-1）的最高施工能级达 25000kN·m。

图 5-1   CGE1800B 型强夯机

问题 90. 初步设计时，超高能级强夯的有效加固深度如何确定？

《建筑地基处理技术规范》JGJ 79—2012 给出了 12000kN·m 及以下能级强夯有效加固深度的经验值，15000kN·m、18000kN·m、20000kN·m 能级强夯的有效加固深度可参考表 5-1 并结合工程地质条件确定。

超高能级强夯有效加固深度   表 5-1

夯击能 （kN·m）	填土地基（m）		原状土地基（m）	
	块石填土	素填土	碎石、砂土 等粗颗粒土	粉土、黏性土 等细颗粒土
15000	15.0～17.0	17.5～19.5	13.5～15.5	12.0～13.0
18000	17.0～18.0	18.5～20.5	15.5～17.0	14.0～15.0
20000	18.0～20.0	19.0～21.0	16.0～18.0	15.0～16.0

问题 91. 什么是高真空击密法？适用范围是什么？

高真空击密法是一种将高真空降水与强夯击密进行联合应用的地基处理方法，首先进行高真空降水，达到一定要求后进行强夯击密，如此循环数遍，最终达到降低土体含水量，提高密实度和承载力，减少地基工后沉降与差异沉降量的目的（图 5-2）。

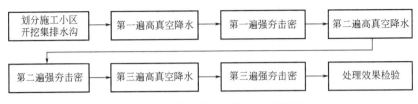

图 5-2　高真空击密法施工工艺流程

高真空降排水通过强力排除土体中的水与气体在土体中产生负压，强夯击密通过振动与挤压作用在土体中产生正压，二者联合作用产生巨大的压差可快速排水与消散超孔隙水压力，从而减小土体的含水量孔隙率、提高土体的密实度与强度。高真空降排水与强夯击密的多次循环与相互作用可有效加固地基表层土体，使其形成超固结的硬壳层，以达到提高承载力、减少地基工后沉降和差异沉降量的目的。

高真空击密法适用于软土地基处理，能够适应新近沉积及人工冲淤形成的饱和软土的处理。

问题 92. 什么是注水强夯法？适用范围是什么？

当土体比较干燥，含水量很低时，直接进行强夯的处理效果不佳。通过对土体进行增湿，达到适宜的含水量后再进行强夯，可以提高加固效果、增加加固深度。这种先对土体进行注水增湿然后采用强夯法进行加固的地基处理方法称为注水强夯法（图 5-3）。

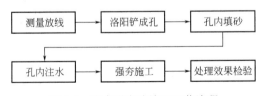

图 5-3　注水强夯法施工工艺流程

单孔注水量可按下式计算：

$$V = \frac{0.5(\overline{w}_{op} - \overline{w}) b^2 h \overline{\rho}_d}{\rho_d}$$

式中：V——单孔注水量（m^3）；

$\overline{w}$、$\overline{w}_{op}$——分别为润湿土体厚度 h 内土层的天然含水率加权平均值和最优含水率加权平均值；

b——注水孔方格网边长（m），可取 1～2m；

h——加水增湿的土层厚度；

$\bar{\rho}_d$——湿厚度内土层天然干密度加权平均值（g/cm³）；

ρ_d——水的密度，取 $w=1$g/cm³。

注水强夯法常用于处理干燥的湿陷性黄土，地基处理以消除黄土的湿陷性为主。

问题 93. 什么是动力排水固结法？适用范围是什么？

动力排水固结法是相对于静力排水固结法而言的。排水固结法由加压系统和排水系统两个主要部分组成，静力排水固结法的加压系统采用静力加压的方式，包括堆载预压、真空预压、真空堆载联合预压、电渗法、降低地下水法等，动力固结排水法则采用强夯，产生动力荷载进行加压。

首先设置排水系统，视需要设置水平排水体（通常铺设砂垫层）与竖向排水体（通常设置塑料排水板），然后再进行强夯夯击。这一地基处理方法称为动力排水固结法（图 5-4）。

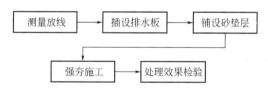

图 5-4　动力排水固结法施工工艺流程

地基在强夯产生动荷载作用下，土体中的孔隙水压力急剧上升，促使土体中的孔隙水沿排水体系外排。随着孔隙水的排出，土体的含水量降低、孔隙率减小，地基加速固结、强度提高。

动力排水固结法一般用于改善饱和软黏土的工程性质。

问题 94. 什么是降水电渗联合强夯法？适用范围是什么？

降水电渗联合强夯法是指结合降水、电渗与强夯击密三道工序处理软弱地基的一种施工方法。

利用真空降水在加固范围内产生负压，使得加固范围内的孔隙水通过排水系统排出。降水后，在地基土中埋设电极并通直流电，使真空降水不能排出的孔隙水在电流作用下排出，从而提高软土的物理力学性质，在地基表层形成一个硬壳层，为后续的强夯施工创造条件。通过降水与电渗，软土含水量降低到最优含水量附近后，进行强夯施工，减小土体孔隙比，使浅层软土达到超固结，从而减小地基沉降量、提高地基承载能力（图 5-5）。

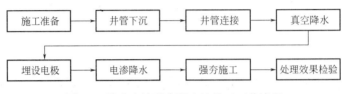

图 5-5　降水电渗联合强夯法施工工艺流程

降水电渗联合强夯法适用于处理淤泥、淤泥质土与饱和软黏土地基。

问题 95. 什么是堆载预压联合强夯法?适用范围是什么?

堆载预压联合强夯法是采用强夯法与堆载预压联合作用的一种地基处理方法，采用强夯法处理上部土体，采用堆载预压处理下部土体（图 5-6）。

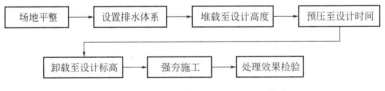

图 5-6　堆载预压联合强夯法施工工艺流程

堆载预压联合强夯法适用于上部为碎石、砂土或粉土等粗颗粒土，底部为淤泥、淤泥质土或饱和软黏土等软土的双层地基。

问题 96. 什么是孔内深层强夯法? 适用范围是什么?

孔内深层强夯法（简称 DDC 法）是一种深层地基处理方法，该方法先成孔至预定深度，然后自下而上分层填料强夯或边填料边强夯，形成高承载力的密实桩体和强力挤密的桩间土（图 5-7、图 5-8）。

孔内深层强夯法适用于素填土、杂填土、砂土、粉土、黏性土、湿陷性黄土、淤泥质土等地基处理。

图 5-7　孔内深层强夯法施工设备

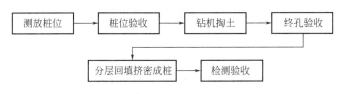

图 5-8　孔内深层强夯法施工工艺流程

问题 97. 什么是强夯半置换法？适用范围是什么？

　　强夯半置换法，施工前铺设垫层，然后用夯锤夯击，夯击的过程中在夯坑中添加硬质粗颗粒骨料形成半置换墩。该方法与强夯置换法施工工艺相同，不同之处仅在于强夯半置换法的置换墩长度小于软土层的厚度（图 5-9）。

　　强夯半置换法适用于处理厚度较大、饱和度较高的湿陷性黄土、红黏土、一般黏性土和高饱和度的粉土地基。

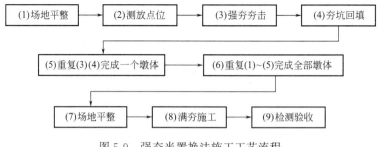

图 5-9　强夯半置换法施工工艺流程

问题 98. 什么是组合锤法? 适用范围是什么?

　　组合锤法是对强夯法的一种改良与发展，采用柱锤、重锤与扁锤三种不同直径、高度和重量的夯锤进行施工，分别处理不同深度的地基土。柱锤施工对深层地基进行加固处理，重锤施工对中层地基进行加固处理，扁锤施工对浅层地基进行加固处理（图 5-10、图 5-11）。

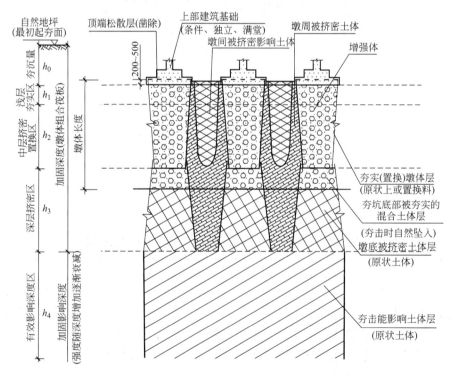

图 5-10　组合锤法加固原理示意图

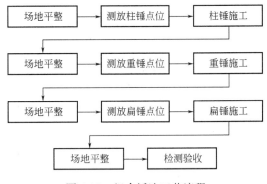

图 5-11　组合锤法工艺流程

　　组合锤法根据夯坑填料的不同分为组合锤挤密法和组合锤置换法，组合锤挤密法的夯坑采用原土回填，组合锤置换法在夯坑内回填碎石、块石、建筑废料、工业废料等材料。组合锤挤密法适用于处理碎石土、砂土、粉土、湿陷性黄土、含水量低的素填土、以粗骨料为主的杂填土以及大面积山区丘陵地带填方区域的地基。组合锤置换法适用于处理饱和的杂填土、淤泥或淤泥质土、软塑或流塑状态的黏性土和含水量高的粉土以及低洼填方区域的地基。

问题 99. 什么是预成孔深层水下夯实法？适用范围是什么？

　　预成孔深层水下夯实法（简称深夯法）是在灰土挤密桩、孔内强夯法与强夯置换法的基础上，对施工工艺与施工机械进行改进而形成的一种地基处理施工工艺。该工艺，首先在地基土中预先成孔，成孔深度由处理深度进行控制；然后在孔内由下而上逐层回填逐层夯实；通过采用远程操控、不脱钩施工、自动测量与自动记录等技术，实现了在地下水位以下的深层地基土中进行施工（图 5-12、图 5-13）。

　　与灰土挤密桩、孔内强夯法、强夯置换法相比，预成孔深层水下夯实法工法具有以下特点：

　　（1）根据不同地质条件采用旋挖、冲击、长螺旋钻进等方法在回填地基中预先成孔，直接穿透回填土层与下卧软土层。

　　（2）在孔内由下而上逐层回填并逐层夯击，对地基土产生挤密、冲击与振动夯实等多重效果，同时加固孔内填料与孔间土体。

　　（3）当孔内填料与地基土性质相同时，形成均质人工地基；当孔内填料性质明显好于地基土时，可形成挤密桩复合地基。

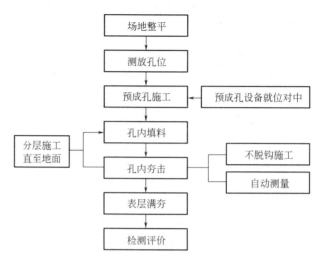

图 5-12 预成孔深层水下夯实法施工流程

图 5-13 预成孔深层水下夯实法施工设备

（4）饱和软黏土地基处理，在孔内采用粗颗粒材料形成良好的排水通道，可使饱和软黏土的工程性质大幅提高。

（5）采用专用夯击设备，具有不脱钩施工与自动记录功能，确保可进行超深层连续夯击并自动生成施工记录，同时实现水下施工。

预成孔深层水下夯实法（图 5-14）适用于处理深度大、地下水位高等条件下的地基，可用于处理深厚的松散回填土地基、湿陷性黄土地基，也可用于深部软弱夹层的加固处理；不宜在易塌孔的砂土、碎石土、流塑状淤泥等场地上使用。

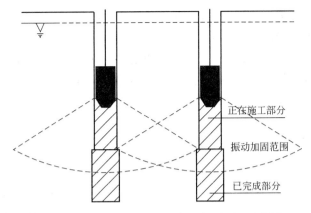

图 5-14 预成孔深层水下夯实法加固原理示意图

问题 100. 什么是预成孔填料置换强夯法，适用范围是什么?

预成孔填料置换强夯法是在强夯法与强夯置换法的基础上，进行的一种改进与创新。该方法，首先在地基土中预先成孔，直接穿透软弱土层至下卧硬层顶面或进入下卧硬层；然后在孔内回填块石、碎石、粗砂等材料形成松散墩体；最后分遍进行强夯施工，加固墩体与墩间土，形成复合地基（图 5-15）。

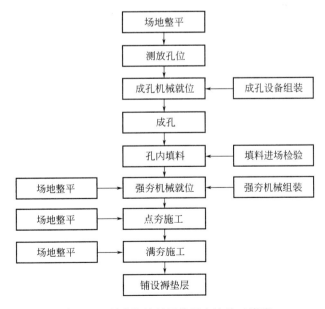

图 5-15 预成孔填料置换强夯法施工流程

与强夯法、强夯置换法相比，预成孔填料置换强夯法具有以下特点：

（1）形成的置换墩体与下卧硬层良好接触。

（2）即可对置换墩体进行密实，又能加速墩间软弱土体的固结。

（3）处理饱和软土地基时，相同条件下可采用较低的施工能级。

（4）可有效减小工后沉降量与不均匀沉降变形。

预成孔填料置换强夯法（图 5-16）适用于处理饱和黏性土、淤泥、淤泥质土、软弱夹层等类型的地基。

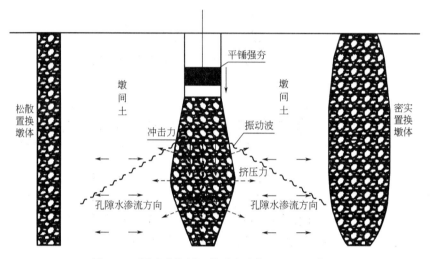

图 5-16 预成孔填料置换强夯法加固原理示意图

参考文献

[1] 王铁宏，水伟厚，王亚凌.高能级强夯技术发展研究与工程应用 [M].北京：中国建筑工业出版社，2017.

[2] 王铁宏，水伟厚，王亚凌.对高能级强夯技术发展的全面与辩证思考 [J].建筑结构，2009，39（11）：86-89.

[3] 水伟厚，王铁宏，王亚凌.高能级强夯地基土的载荷试验研究 [J].岩土工程学报，2007，29（7）：1090-1093.

[4] 水伟厚，王铁宏，王亚凌.碎石土地基上 10000kN·m 高能级强夯标准贯入试验 [J].岩土工程学报，2006，28（10）：1309-1312.

[5] 水伟厚.对强夯置换概念的探讨和置换墩长度的实测研究 [J].岩土力学，2011，32（S2）：502-506.

[6] 姜旭，刘中星，李跃等.浅谈国内强夯技术和施工机械的现状和发展趋势 [J].建设机械技术与管理，2014，27（08）：105-110.

[7] 吴价城，武亚军，吴名江.高真空击密法——一种软土地基处理新工艺 [J].地球与环境，2005（S1）：496-501.

[8] 封明聪.地基处理新方法——高真空击密法的机理与优势比较 [J].黑龙江交通科技，2006（11）：54-55.

[9] 水伟厚，王铁宏，王亚凌.瑞雷波检测 10000kN·m 高能级强夯地基 [J].建筑结构，2005，35（7）：46-48.

[10] 孙文怀，杨志刚，杜小川.增湿高能级强夯法处理湿陷性黄土地基的研究 [J].水文地质工程地质，2012，39（02）：74-78.

[11] 王雪浪.大厚度湿陷性黄土湿陷变形机理、地基处理及试验研究 [D].兰州：兰州理工大学，2012.

[12] 水伟厚，朱建锋.10000kN·m 高能级强夯振动加速度实测分析 [J].工业建筑，2006（1）：37-39.

[13] 雷学文，白世伟.动力排水固结法的研究及应用概况 [J].土工基础，1999（04）：9-12.

[14] 孟庆山，汪稔.饱和软黏土动力固结机理及实用工艺研究 [J].长江科学院院报，2004（05）：32-34＋40.

[15] 水伟厚，王铁宏，王亚凌.10000kN·m 高能级强夯系列试验研究——孔压监测结果 [J].土木工程学报，2006，39（4）：78-81.

[16] 司炳文.孔内深层强夯法：中国，92114452.0 [P].1994-08-31.

[17] 高斌峰，张仲道，董炳寅等.预成孔深层水下夯实法：中国，201410549097.1 [P].2015-01-07.

[18] 柴俊虎，高斌峰，张仲道.预成孔填料置换平锤强夯法：中国，201510137008.7 [P].2016-10-26.

[19] 李保华，郝玉柱，安明等.强夯半置换施工工艺：中国，200710139612.9 [P].2009-09-02.

[20] 孔内深层强夯法技术规程 CECS 197：2006 [S].北京：中国计划出版社，2006.

[21] 强夯地基处理技术规程 CECS 279：2010 [S].北京：中国计划出版社，2010.

[22] 组合锤法地基处理技术规程 JGJ/T 290—2012 [S].北京：中国建筑工业出版社，2012.

[23] 建筑地基基础工程施工质量验收标准 GB 50202—2018 [S].北京：中国计划出版社，2018.

[24] 湿陷性黄土地区建筑标准 GB 50025—2004 [S].北京：中国建筑工业出版社出版，2004.

[25] 强夯地基技术规程 YSJ 209—1992 [S].北京：中国计划出版社，1992.

[26] 建筑地基处理技术规范 JGJ 79—2012 [S].北京：中国建筑工业出版社，2013.

[27] 建筑地基基础设计规范 GB 50007—2011 [S].北京：中国建筑工业出版社，2012.

[28] 建筑地基检测技术规范 JGJ 340—2015 [S].北京：中国建筑工业出版社，2015.

[29] 建筑抗震设计规范 GB 50011—2010（2016 版）[S].北京：中国建筑工业出版社，2016.

[30] 土工试验方法标准 GB/T 50123—2019 [S].北京：中国水利水电出版社，2016.

[31] 孔隙水压力测试规程 CECS 55：93 [S].北京：中国工程建设标准化协会，1993.

[32] 水伟厚，王铁宏，王亚凌.碎石土地基上 10000kN·m 高能级强夯标准贯入试验 [J].岩土工程学报，2006，28（10）：1309—1312.

[33] 白金勇，李海涛，魏巍.降水电渗联合强夯法吹填土地基处理试验研究 [J].山西建筑，2011，37（09）：81-82.

[34] 徐雯霞，明道贵，雷胜全.堆载预压联合强夯处理"双层地基土"监测探析 [J].中国水运，2014（04）：356-357.

[35] 安明，韩云山.强夯法与分层碾压法处理高填方地基稳定性分析 [J].施工技术，2011，40（10）：71-73.

[36] 水伟厚，董炳寅等.湿陷性黄土地区高填方压实场地 20000kN·m 超高能级强夯处理试验研究 [C] //地基处理理论与实践新发展——第十四届全国地基处理学术讨论会论文集，2016.

[37] 田大战，王晓军，周海忠.强夯法和分层碾压法在机场湿陷性黄土高填方施工中的应用 [J].机场工程，2013（1）：10-16+48.

[38] 龚晓南.地基处理手册（第三版）[M].北京：中国建筑工业出版社，2008.

[39] 邵琪玲，汪彪，徐光耀.强夯夯击能与地基承载力关系的研究 [J].低温建筑技术，2016，38（03）：115-117.

[40] Ruigeng Hu, Wei Shi, Weihou Shui, Yaoyuan Zhang. Study on the Effective Depth of Improvement and Influential Factors by High Energy Dynamic Compaction for Backfilled Soil [C] //2017 International Conference on Transportation Infrastructure and Materials (ICTIM 2017)，2017.

[41] 田水，王钊.夯击方式对强夯加固效果的影响 [J].岩土力学，2008（11）：236-240.

[42] 李天光.重锤低落距与轻锤高落距强夯法加固湿陷性地基效果对比 [J].工程勘察，1995（02）：14-17.

[43] 刘莹，王清.江苏连云港地区吹填土室内沉积试验研究 [J].地质通报，2006，25（6）：763-765.

[44] 刘嘉，罗彦，张功新，董志良，王友元.井点降水联合强夯法加固饱和淤泥质地基的试验研究 [J].岩石力学与工程学报，2009，28（11）：2222-2227.

[45] 杨红艳，李 龙.强夯加固深度及主满夯匹配问题的探讨 [J].石家庄铁路职业技术学院学报，2007，6（2）：60-63.

[46] 王铁宏，水伟厚，王亚凌，吴延炜.强夯法有效加固深度的确定方法与判定标准 [J].工程建设标准化，2005（03）：27-38.

[47] 杨印旺.高填方人工地基中大型排水盲沟的设计与施工 [J].施工技术，2014，43（13）：68-70.

[48] 刘春泽，郝庆芬，赵俭斌.土变形模量的研究与分析 [J].岩土工程界，2007（12）：60-62.

[49] 王锡良，水伟厚，吴延炜.强夯机的发展与应用现状 [J].工程机械，2004，35（06）：31-35.

[50] 陈念军，李方柱.对变形模量与压缩模量理论关系的进一步探讨 [J].勘察科学技术，2014（S1）：30-33.

[51] 谢仁追.强夯置换法应用关键技术 [J].水运工程，2009，5（425）：128-132.

[52] 王铁宏，水伟厚，王亚凌等.强夯法有效加固深度的确定方法与判定标准 [J].工程建设标准化，2005（03）：27-28.

[53] 李大忠.强夯处理后湿陷性黄土的承载力计算方法 [J].土工基础，2000（4）：11-14.

[54] 曾庆军，莫海鸿，李茂英.强夯后地基承载力的估算 [J].岩石力学与工程学报，2006（S2）：3523-3528.

［55］Weihou Shui，Bingyin Dong，Ruigeng Hu，Ruoyu Xiao. Experiment Research of 20000 kN·m Ultra-High Dynamic Compaction about the Collapsible Loess Area High Fill Foundation after Compaction ［C］//2017 International Conference on Transportation Infrastructure and Materials（ICTIM 2017），2017.

［56］高梓旺，闫玲，刘运涛等.强夯作用下地基承载力的预测研究［J］.低温建筑技术，2012，34（6）：110-111.

［57］滕延京.建筑地基处理技术规范理解与应用［M］.北京：中国建筑工业出版社，2013.

［58］褚宏宪，史慧杰.强夯振动监测应用分析［J］.物探与化探，2005，29（1）：88-91.

［59］尹坚，张良涛.地基强夯振动测试分析及防振动措施［J］.铁道工程学报，2009，127（4）：17-20.

［60］水伟厚，胡瑞庚.按变形控制进行强夯加固地基设计思想的探讨［J］.低温建筑技术，2018，40（02）：117-121＋125.